中国传统建筑与中国文化大系

古代寺院建筑与中国文化

杨莽华　著

中国艺术研究院『中国传统建筑与中国文化大系』课题

丛书主编◎赵玉春

中国艺术研究院基本科研业务费项目

项目编号：2019-1-4

中国建材工业出版社

图书在版编目（CIP）数据

古代寺院建筑与中国文化 ／ 杨莽华著.－－ 北京：
中国建材工业出版社，2022.6
（中国传统建筑与中国文化大系 ／ 赵玉春主编）
ISBN 978-7-5160-3467-5

Ⅰ．①古… Ⅱ．①杨… Ⅲ．①寺院－宗教建筑－建筑
艺术－中国－古代 Ⅳ．①TU-098.3

中国版本图书馆CIP数据核字(2021)第276759号

古代寺院建筑与中国文化
Gudai Siyuan Jianzhu yu Zhongguo Wenhua

杨莽华　著

出版发行：中国建材工业出版社
地　　址：北京市海淀区三里河路11号
邮　　编：100831
经　　销：全国各地新华书店
印　　刷：北京天恒嘉业印刷有限公司
开　　本：787mm×1092mm　1/16
印　　张：13
字　　数：210千字
版　　次：2022年6月第1版
印　　次：2022年6月第1次
定　　价：158.00元

序 言

　　"中国传统建筑与中国文化大系"是中国艺术研究院所属建筑与公共艺术研究所承担的院级重点科研项目，内容涉及中国传统建筑体系，包括宫殿、礼制、寺观、民居、公共、园林、陵墓等七个主要类型，以及与之相关的传统营造技艺。

　　中国学者研究中国传统建筑文化的历史可追溯至中国营造学社创立之际。该学社是以建筑文化研究为主旨的，在述及学社缘起时，社长朱启钤在"中国营造学社开会演词"中说："吾民族之文化进展，其一部分寄之于建筑，建筑于吾人生活最密切，自有建筑，而后有社会组织，而后有声名文物，其相辅以彰者……"因此，"研求营造学，非通全部文化史不可，而欲通文化史，非研求实质之营造不可"。早期营造学社虽然有此初心，但囿于历史条件，实际的研究工作还是侧重于建筑考古和实例调查方面，重点是"营造法式"的诠释和考证，解译"法式"与"则例"的密码。早期除寻访寺院遗存外，逐渐将调研范围扩展到宫殿、陵墓，而后又将园林、民居等纳入了研究的视野，研究对象基本涵盖了传统建筑的主要类型。至于对中国建筑史作整体性、贯通性的研究，主要还是在中华人民共和国成立以后的事情。如国家建设部门在20世纪50年代和80年代两次集中全国学术力量，组织撰写了中国古代建筑史，其中对建筑体系类型的研究继续成为传统建筑研究的重点，如对各朝代的建筑体系论述基本上还是以类型来进行的。与此同时，对古代建筑体系的研究范围和视角也有了更广泛的拓展，如建筑技术、建筑艺术、建筑空间，以及各种建筑专题研究等，如《中国建筑技术史》《中国建筑艺术史》《中华艺术通史》之"建筑艺术"部分等。营造学社开启的中国传统建筑与文化研究迄今已近百年，人们对研究的内容和取向越来越持开放的态度，建筑文化也越来越成为共同的话题，其中的一个重要趋向就是由对物的研究转向对人的研究，这既是一种研究的深化，也是对当代社会文化发展的现实反映，表明了人们对人自身的关注和反思，实质也就是对文化的普遍关注。

　　建筑是文化的容器，缘于建筑是人们生活的空间。容器也罢，空间也好，其主角是人的活动，这其中包括设计、建造、使用、欣赏等活动，正是这些活动构成了建筑文化的血肉。古人将中国传统建筑分为屋顶、屋身、台基三段，所谓上、中、下三分，并将其对应天、地、人"三才"。汉字"堂"原指高大的台基，象征高大的房屋，若从象形角度看，其中也隐含着建筑基本构成的意味，上为茅顶，下为土阶，"口"居中间代表人，并以"口"为尚，表示对人及活动的重视。汉字"室"也有相近含义，强调建筑是人的归宿及建筑的居住功能。"堂""室"二字常常连用表达建筑的社会功能和空间划分，如生活中常说的"前堂后室""登堂入室"等。再如古汉字亰（京），与堂一样也具有高大、尊贵的含义，杨鸿勋先生考证其原指干栏建筑，上为人字形屋顶，中为代表人的"口"，或指人活动的空间，下为架空的基座。由此可见，无论是南方的干栏木屋，还是北方的茅茨土阶，建筑的构成都是反映了古人意念中的天、地、人之同构关系。古人把建筑比同宇宙，而"宇宙"二字都含有代表建筑屋顶的宝盖，所谓"上栋下宇，以待风雨""四方上下曰'宇'，古往今来曰'宙'"等。反过来古人又把自然的天地看成一座大房子，天塌地陷也可以如房子一样修补，如女娲以石补天，表明了古代中国人对建筑与宇宙空间统一性的思考。

对建筑文化研究而言，需要厘清什么是建筑，什么是文化，什么是建筑文化等基本问题，以及三者的关系等。建筑文化研究不是单纯的建筑研究，也不是抽象的文化研究，不是历史钩沉，也不是艺术鉴赏。在叙事层面，是以建筑阐释文化，还是以文化阐释建筑，还是将建筑文化作为客观存在的本体，这又将涉及如何定义"建筑文化"，进而确定建筑文化研究的对象、范围、特征、方法等，以及研究的价值和意义。就像对文化有多种不同的解释一样，关于建筑文化也会有多种不同的解释，但归根结底，建筑文化离不开建筑营造与使用，离不开围绕在建筑内外和营造过程中的人的活动等。梁思成先生在其《平郊建筑杂录》等著作中的很多观点都值得我们特别关注，如"建筑之规模、形体、工程、艺术之嬗递演变，乃其民族特殊文化兴衰潮汐之映影……今日之治古史者，常赖其建筑之遗迹或记载以测其文化，其故因此。盖建筑活动与民族文化之动向实相牵连，互为因果者也。""中国建筑之个性乃即我民族之性格，即我艺术及思想特殊之一部，非但在其结构本身之材质方法而已。"即一个建筑体系之形成，不但有其物质及技术上的原因，也"有缘于环境思想之趋向"。相应于其他艺术作品中蕴涵的"诗意"或"画意"，梁思成先生还创造性地提出了"建筑意"的用语，即存在于建筑艺术作品中的"这些美的存在，在建筑审美者的眼里，都能引起特异的感觉，在'诗意'和'画意'之外，还使他感到一种'建筑意'的愉快。"

以宫殿建筑体系文化研究而论，宜以皇帝起居、朝政运行、仪礼制度为中心，分析宫殿布局、空间序列、建筑形态、建筑色彩、装饰细节、景观气象等。在这种视角中，宫殿作为彰显皇权至上的最高殿堂，是弘扬道统的器物，宋《营造法式》中说过："从来制器尚象，圣人之道寓焉……规矩准绳之用，所以示人以法天象地，邪正曲直之辨，故作宫室。"《易传》中将阴阳天道、刚柔地道和仁义人道合而为一，转化成了中国宫殿建筑的设计之道。礼制化、伦理化、秩序化、系统化，成为中国宫殿建筑设计与审美的最高标准。反过来，建筑的礼制化又加强了礼制的社会效应，二者相辅相成；以园林建筑体系文化而论，园主的社会地位、经济实力、文化修养等，往往是园林形态与旨趣的决定因素，园林虽然可以地域风格等划分，更可根据园主不同身份、地位、认知、雅趣等进行分类，如此可有皇家、贵胄、文人、僧道、富贾等园林风格，表达各种不同人群不同的生活方式与理想等；以民居建筑体系文化而论，表现了人伦之轨模。以其文化为锁钥，可以将民居类型视为社会生活的外在形式，如在中国传统合院式住宅的功能关系就是人际关系以及各式人等活动规律的反映。中国重情知礼的人本精神渗透在中国社会各个阶层生活之中，建筑作为社会生活的文化容器，从布局、功能、环境，到构造、装修、陈设等莫不浸染着这种文化精神……

再以营造技艺为例，其研究对象不等同于建筑技术，二者虽有关联但也有区别，区别之关键就是文化。对于中国不同地域风格的建筑，现在多是按照行政区划分别加以归类和论述，但实际上很多建筑风格是跨地区传播的，如藏式建筑就横跨西藏、青海、甘肃、四川、内蒙古，且藏式建筑本身也有多种不同风格类型，按行政区划归类显然完全不适合营造技艺的研究。基于地域建筑的文化差异，陆元鼎先生曾倡导进行建筑谱系研究，借鉴民俗学方法，追踪古代族群迁徙、文化地理、文化传播等因素，由此涉及族系、民系、语系等知识，有助于对传统建筑地域特征、流行区域、分布规律等有更准确的把握。按民俗学研究成果，一般将汉民族的亚文化群体分为 16 个民系，其中较典型的有八大民系，即北方民系（包括东北、燕幽、冀鲁、中原、关中、兰银等民系）、晋绥民系、吴越民系、湖湘民系、江右民系、客家民系、闽海民系（包括闽南、潮汕民系等）、粤海民系。由于建筑文化的传播并非与民系分布完全重合，实际上还有材料、结构、环境、历史等多重因素制约。基于建筑自身结构技术体系和形成环境原因，朱光亚先生提出了亚文化圈区分方法，如京都文化、黄河文化、吴越文化、楚汉文化、新安文化、粤闽文化、客家文化圈七个建筑文化圈，加上少数民族建筑圈如蒙古族、维吾尔族、朝鲜族、傣族、藏族文化圈共12 个建筑文化圈。

营造是人的建造活动，就营造技艺研究而言，围绕着以工匠为核心的人来展开研究，应该更切合非物质文化遗产研究的特点，例如以匠系及其人文环境为主要研究对象，探讨其形成演变过程及规律，以求为技艺特点和活态存续做出合理的解读。从近年来申报国家非物质文化遗产项目中的传统营造技艺类项目来看，项目类型大多与传统民居有关，说明民居建筑营造技艺与地域、民族、自然、人文环境的关系更为密切，也反映出活态传承的根基在民间。立足于代表性的营造技艺活态传承实际情况，同时结合文化、地理、民俗学（民系）、建筑谱系研究的成果，也可尝试按照活态匠艺传承的源流，将较典型、影响较大且至今仍存续的中国传统营造技艺划分为北方官式、中原系、晋绥系、吴越系、兰银系、闽海系、粤海系、湘赣系、客家系、西南族系、藏羌系等匠系。此外，在匠系之下，又有匠帮之别。匠帮不同于匠系，匠帮是相对独立的工匠群体、团体，并有相对流动、交融、传播的特征。匠系强调源流、文脉、体系，而匠帮较强调技术、做法、传承。匠帮是匠系的活态载体，匠系则是匠帮依附的母体。只有历史、地域文化、工艺传统共同作用才能产生匠帮，他们在营造历史上留下鲜活的身影，如香山帮、徽州帮、东阳帮、宁绍帮、浮梁帮、山西帮、北京帮、关中帮、临夏帮等。

中国建筑文化可以同时表现为精神文化与物质文化两种形态，并存于典章制度、思想观念、物化形态和现实生活中；也可以表现为精英文化与草根文化，前者光耀于庙堂，后者植根于民间，二者相互依存、交融，都是中华文化的重要组成部分，是中华文化的血脉和基因，共同构成了中国建筑文化的整体。从文化角度而言，建筑虽有类型体系之分，而并无高下之别，宫殿、礼制、寺观、民居、园林等建筑体系类型，都是人们应因自然环境和社会文化等而结成的经验之树和智慧之花，都需要我们细心体察。如果说结构是建筑的骨架，造型是建筑的体肤，空间是建筑的血脉，那么文化可以说是建筑的精气神。执此观念并将其表达在建筑文化叙事中，或可成为这套《中国传统建筑与中国文化大系》的初衷，也是这套丛书区别于一般建筑史或建筑类型研究的特色。同时，这套丛书主要也是以文化艺术史论的形式，对中国传统建筑相关的文化内容等进行较全面的阐释，适合建筑学专业的研习者、设计师、大学生和传统建筑与文化爱好者阅读。由于各种体系的传统建筑营造目的多有不同，其历史信息和文化内涵也自然会有所不同，因此《中国传统建筑与中国文化大系》中每一本专著的体例和字数等也会有所不同，如此或更适于不同的读者进行选择。

刘　托

2021 年 4 月于北京

寺院建筑是中国古代建筑中最重要的门类之一，佛教传入汉地最早的寺院——洛阳白马寺的创立，距今近两千年。寺院建筑的实物遗存，在中国古代建筑中跨越历史最长、类型最丰富，且多种形态纷呈，显现了与外来建筑文化频繁交融互动的历史足迹。不仅有木构殿堂楼阁，更有石窟寺、佛塔、无梁殿、金殿等特殊类型建筑，形式的多样性是其他门类的古代建筑无法达到的。

随着中国佛教弘扬与传播过程中的兴衰，寺院建筑的发展也经历了多次起落。在南北朝时期，寺院建筑迎来了第一个融合发展的高潮，至今仍可以看到那个时期开凿的雄浑壮美的石窟以及屹立千年的佛塔，成为区域内的文化地理坐标。

唐代是汉传佛教发展的第二次高潮期，寺院规模之宏大、殿堂塔阁之雄伟飘逸，后世难望其项背。从长安、洛阳到秦岭—淮河分界线南北的大小城市、名山胜地，坐落着无以计数的寺院建筑。从这时起，寺院建筑成为中国古代人文景观中最重要的一支。寺院建筑的配置和布局经过南北朝至唐初约三百年的演化，形成了完整的中国寺院建筑空间组合和建筑形制的模式：从以佛塔为中心的天竺、西域影响下的伽蓝院落，转向以殿堂为中心的中式院落，并将其固定下来被后世所沿用。

从南北朝至五代时期，佛教多次在战乱、灭佛事件中遭受打击，大量寺院被摧毁；然而到了两宋、辽金时期，汉传佛教寺院的发展进入了史上又一个重要时期。北宋、辽、西夏以及南宋、金各王朝对佛教采取了接纳、扶植的策略，中国寺院建筑得以随时代而演化和延续。

在两宋为今天留下的为数不多的木构殿阁实物中，我们仍能找寻到大约一千年前人们的建筑美学观、尺度感受和虔诚表达。辽、金时期更是为今人遗留下来一批体量恢宏、营造精湛的木构殿堂、楼阁和佛塔，有些堪称奇迹，是极其珍贵的人类文化遗产。

在元、明、清时期，分布在城市、山林和乡间大大小小的寺院，仍旧随着文化环境的新陈代谢默默地继续演化，其建筑特征、空间布局和艺术风格都有统一的时代特征。今天那些依然矗立的古代寺院，可能创建于千年以前，但是，包括基址、格局在内的一切历史遗存，基本都是经过几度兴废后遗留下来的明清版本。清代的寺院格局与殿堂配置已经填满了现代人对古代寺院的认知。那些被建筑史家从众多古寺中抽离出来的几座千年木构建筑，在某种意义上担负了那个时代对后世的使命。

现当代关于古代寺庙的建筑学研究，往往选取历史的视角，在年代判断的基础上探讨其发展演变的规律。如以千年作为时间尺度观察中国古代建筑发生的改变，一定是以渐变贯穿始终，年代带来的差异并不显著。这期间，寺院建筑无论是在类型的丰富性还是在营造技术的多样性上的表现，都是最突出的。

如果以地理学的视角梳理中国大地上近两千年的佛教史迹，将其所处的自然和人文地理成因，以及寺院建筑群落在其文化环境中的建构作用作为研究方向和目标，必然出现另外一种古代寺院建筑众生相。

"地理学视角和时空观越来越深刻地影响着诸如人类学、社会学、生态学、环境科学、空间规划等学科的研究方向。"[1] 所有现象都存在于时间当中而有其历史，但也同样存在于空间中而有其地理；地理和历史是认识世界不可或缺的两个视角。地理学研究地球的表层、人与地理环境的关系、人地关系地域系统等在时间和空间中变化的地理现象，旨在认识地表的复杂性、景观的多样性及社会经济和文化传统的丰富性。

地理综合和空间关联是地理学的法宝，在自然科学、社会科学和人文科学及工程技术之间架起桥梁，使地理学对人类与环境的相互作用、对复杂世界及不同类型现象间的关联具有独特视角。

地理学的学科优势，是对空间差异和分布规律的研究，在对中国历史建筑的整体做某种判断时，空间制造的差异可能比时间的赋予更为显著。人文地理学把文化景观看作是重要的学术支撑，是研究区域人地关系、文化形态、文化分区的根本。

寺院建筑作为一种文化景观，是人文和自然地理综合作用下的地域表现，反映了历史剖面上的佛教文化的生态体系。本书以寺院建筑及其文化环境为对象，借助文化及地理学的视角和方法，发现其演变、分布和扩散的规律以及这些现象背后的成因；在文化分区和文化生态的体系中，勾勒出中国古代寺院建筑群体的空间模型或者是图景。

作者

2022 年 2 月

---

① 蔡运龙. 当代地理学的关键概念和研究核心. 课程·教材·教法，2015（11）：108-112.

目 录

第一章　中国古代寺院建筑文化概览

第一节　寺院文化在古代中国的传播 …………………………………… 1

第二节　古代寺院的演变 …………………………………………………… 9

第三节　佛教胜迹的地理分布 …………………………………………… 12

第二章　中国古代寺院建筑的人文地理研究

第一节　中国寺院文化的地理学研究进展 …………………………… 18

第二节　寺院文化景观 …………………………………………………… 21

第三节　寺院文化要素的空间分布与分区 …………………………… 22

第三章　中国古代寺院建筑的时空演变

第一节　初期传播路线和地区的寺院 ………………………………… 27

第二节　南北朝时期寺院建筑的分布 ………………………………… 32

第三节　兴盛时期的寺院建筑地理分布 ……………………………… 35

第四节　唐代及唐以前开凿的石窟寺 ………………………………… 37

第五节　两宋时期寺院建筑的地理分布 ……………………………… 48

第六节　藏传佛教进入汉地以后的寺院建筑 ………………………… 52

第四章　中国古代寺院建筑文化的聚集区

第一节　不同历史时期的寺院地理 …………………………………… 57

第二节　都城与寺院建筑 ………………………………………………… 62

第三节　圣山道场 ………………………………………………………… 77

第四节　南宋江南五山十刹禅院 ………………………………………… 91

第五章　中国古代寺院建筑的地理区域

　　第一节　河陇地区 ………………………………………… 96

　　第二节　江南地区 ………………………………………… 100

　　第三节　闽粤地区 ………………………………………… 103

　　第四节　湘赣地区 ………………………………………… 107

　　第五节　巴蜀地区 ………………………………………… 112

附录　参考图片

参考文献

第一章 中国古代寺院建筑文化概览

第一节 寺院文化在古代中国的传播

佛教产生于公元前 6 世纪至公元前 5 世纪的古印度，有史书记载的传入中国腹地的时间是在两汉之交。普遍被认可的两个记述：一是西汉哀帝元寿元年（公元前 2 年）的佛教传入；二是汉明帝永平十年（公元 67 年）遣使西域求法。可以想见的是，在汉武帝时期或更早，中原与西域之间已有频繁的交流，而当时佛教在西域已有两三百年的影响，其间继续向东发展的可能性是很大的，只是迄今为止还没有出现更早的可信的史料来佐证。

佛教传播主要有北、南两个路线，北传为陆上交通，经中亚和新疆地区进入中原；南传为海上交通，经斯里兰卡穿过马六甲海峡进入南海登陆中国。除此之外，还存在穿越喜马拉雅山和横断山脉西南的佛教传播线路的探讨。

从东汉开始，西域僧侣相继东来，翻译佛经，传播佛法。佛教最初多在宫廷中流行，混同于黄老之学，被视为祠祀的一种。经过长期的传播和发展，佛教逐渐与中国固有的思想文化相融合，成为中国传统文化的重要组成部分。

两汉、三国、西晋时期，是佛教初传中国内地并在中国社会扎根发展的重要时期。佛教进入中国后，在逐渐适应和缓慢流传之后，至东晋、南北朝日趋繁荣，出现了众多学派，隋唐时形成了八大宗派，从而进入了一段兴旺时期。之后由盛转衰，佛教随统治政权更迭起起落落，盛况难再。仅藏传佛教在西藏地区形成、传播并蓬勃发展，成为社会生活的主导。

中国的佛学家和僧人在佛教的长期流传、演变过程中，在历代皇权的倡导或限制之下，不断进行译经、注经、解经和创造学说体系等宗教理论，以及坐禅修持、造像建寺等宗教实践活动，使佛教朝着本土化方向发展，逐渐演变为中国式佛教。在此过程中，中国佛教不仅启发和开阔了人们思想认识的边界和深度，同时也深植于中华民族的文化生态，给社会带来了复杂、多重的影响。

印度佛教传入中国的一个重要时代，是统治着包括印度北部在内地区的贵霜帝国的君主迦腻色伽在位时期，由于他信奉大乘教派并大力推动佛教传播，因此，佛教最早传入中国的主要是大乘佛教，尤其是般若学经典。印度佛教传入中国的过程并不与印度佛教的发展阶段同步，更早出现的印度小乘佛教和大乘佛教基本同时传入中国。后来随着大、小乘佛教译著增多，中国佛教也就面临着一个如何对待大、小乘佛教的问题，最终走向了大小乘佛教融为一体的道路。

一、东汉两晋十六国时期

从两汉之交佛教传入后，三国、西晋时代得到皇权支持，开始较广泛流传。如魏明帝兴建佛寺，陈王曹植好读佛经，吴主孙权遣康居僧人康僧会往建业营造阿育王塔和江南第一寺——建初寺。受宫廷影响，佛教信仰也逐渐广播于民间。寺院建筑首先流布于都市，有一定影响力，西晋时，以洛阳、长安为中心营建佛寺 180 所。

三国时期开始，译经成为佛教的主要活动，得到很大发展，康僧会翻译了多部佛典，并注经作序；支娄迦谶的再传弟子支谦译出《维摩诘经》《大明度无极经》和《太子瑞应本起经》等重要典籍。三国时期，译经常用道家术语表述佛教理论，一开始就显现了与中国传统文化融合的趋向。西晋时，来自国内外的译经者有所增加，其中通晓西域 36 种语言的月支人竺法护，承袭东汉、三国的传统，着重翻译大乘般若学经典，阐发般若性空学说，并搜集大量佛经，译出经典《光赞般若经》《法华经》和《维摩诘经》等约 150 部。

三国魏嘉平二年（公元 250 年），中天竺律学沙门昙柯迦罗游化洛阳，并举行授戒，开启中国有戒律授戒之始，昙柯迦罗被其后的律宗奉为初祖。魏高僧朱士行依照安息沙门昙谛所译《昙无德羯磨》登坛受戒，是中国最早的正式出家的和尚；他远赴于田求经，是汉地最早的西行僧侣。

"永嘉之乱"造成南北分立，北有匈、鲜、羯、氐、羌等民族先后建立的十六国；南为东晋王朝。南北统治者多数倡导佛教，借神佑以维系政权稳固；而因长年的战乱，生命缺乏保障的民众也有祈求神佛摆脱苦难的愿望。佛教有广泛的社会需求做基础，获得了重要的发展机遇。民间信奉的人群剧增，成就了中国佛教发展的第一个高潮。

十六国时期的高僧佛图澄曾用道术感化过后赵羯族帝王石勒，阻止其残杀的行为，广招信徒，在经历过的州郡兴建佛寺，据载达 893 座；后赵国都邺城成为当时的佛教中心。佛图澄的弟子道安在前秦都城长安主持佛事，长安地处通往西域的交通要冲，也是佛教交流最重要的大都市。道安在佛教理论上有坚实的基础，是北方佛教的领袖，他一边组织译经、整理文献、创立学派，一边弘化南北，建立僧团宣教、培养人才，在长安，领僧众达数千；他分散徒众四出传教，促使佛教广布于黄河、长江流域。

后秦因后秦主姚兴将鸠摩罗什迎入长安而使佛教译经、教化事业都远超前代，具有划时代意义。译经大师鸠摩罗什生于龟兹国，7 岁出家，游历北天竺，学习大乘佛法，精通龙树中观学说，深得般若性空义理。他曾在后凉都城姑臧讲经 17 年，大兴佛教，后凉主吕光为其兴修寺院，命名鸠摩罗什寺。鸠摩罗什在长安被奉为国师，主持翻译佛经，译出《阿弥陀佛经》《大品般若经》《小品般若经》《法华经》《维摩诘经》《金刚经》《大智度论》《百论》《中论》《十二门论》《成实论》等约 35 部经论，数量和质量都远超前人。其经论首次系统地介绍般若空宗学说，对大乘佛教理论的移植和弘传具有决定作用。鸠摩罗什所译《中论》等佛典为佛教创立宗派的理论基础，他也被后世奉为佛教八宗之祖。鸠摩罗什结合所翻译佛典的讲经说法，培养了大批佛门弟子，如僧肇、道生、道融、慧观等，优异者皆为佛教思想史和哲学史上的重要学者。

东晋的庐山东林寺和建康道场寺是南方佛教的两个中心。道安的弟子慧远主持庐山东林寺 30 余载，聚众讲学，撰写论著，阐述因果报应和神不灭论，宣扬"儒佛合明"，对佛教发展产生深远影响。他派遣弟子赴西域取经，与鸠摩罗什往来书信交流学术，请天竺高僧译经，竭力推动南方佛教禅法、般若学、毗昙学的流播。慧远培养的众多弟子，为佛教在江南的扩展奠定了雄厚的基础。

东晋都城建康是江南佛教的另一个中心，高僧佛驮跋陀罗、法显等都曾在道场寺翻译佛经，传扬佛法。天竺僧佛驮跋陀罗精于小乘禅法、律藏，先住长安，南下庐山译《达摩多罗禅经》，后在道场寺译《华严经》50 卷，对佛教的贡献巨大；还与法显合译《摩诃僧祇律》等。

东晋十六国虽然南北分立，然而两地的佛教活动却往来频繁，表现出同一时代佛教流传的基本趋势和共同特点。关中连通西域，也是佛教向东方传播的主要路径，印度、西域僧人来华，也引发了汉地僧人西行求法的潮流。其中以法显的经历和成就最为著名。法显等人于后秦姚兴弘始元年（公元 399 年）从长安出发，翻越葱岭，远赴印度，历时 15 年，游历近 30 国，经斯里兰卡和爪哇岛泛海登岸回归，历尽险阻，带回当时尚缺的大、小乘三藏中的基本要籍，使各部派"律藏"和《阿含经》得以传入。

之后他在建康道场寺与佛驮跋陀罗共译《大般泥洹经》6 卷，首倡佛性和"一阐提"不能成佛说，对当时佛教理论体系的影响巨大。其撰写的《佛国记》记载了所见印度、斯里兰卡等国世景，指导了后世西行求法，同时也是研究南亚次大陆古代历史、地理的珍贵文献。

东晋时期出现祈求往生弥勒净土和弥陀净土的思潮，在信仰和行持方面热衷于死后往生"净土"。道安曾带领弟子在弥勒像前立过誓，发愿往生弥勒净土。佛经谓"兜率天"有内外两院，外院是欲界天一部分，内院是弥勒寄居于欲界的净土；如皈依弥勒并称念其名号，死后就可往生此天。慧远热衷于弥陀净土法门，影响深远，被唐代净土宗推崇为初祖。这种超脱现实往生净土的愿望，体现出印度佛教对中国知识分子思想的涵化。

二、南北朝时期

南北朝是佛教在中国进一步流传发展的时期。以研究部分佛典分支为核心的各个宗派自立门户，独尊一经一论，彼此争鸣，呈现另一种繁荣。

以梁武帝为代表的南朝皇帝大多提倡佛教，在占有世间权贵的同时，还要寻求出世的解脱。梁武帝几乎把佛教推上了国教地位，且严格戒律，亲自讲经布道、著书立说；佛教在皇权的强力助推下，出现前所未有的盛况。史载佛教最繁荣时期，梁朝势力范围内的寺院建筑达 2800 多所，僧众 82700 多人。

北朝皇权大多也倡导佛教，但也出现过大规模灭佛运动，佛教史上"三武一宗"四次灭法中的两次出现在北朝。北魏君主分别在首都平城、洛阳开凿云冈石窟和龙门石窟，营建规模宏大的佛寺和百米高塔。佛寺还被赐予大量土地，用于经营敛财，形成相对独立的寺院经济。

北朝统治者起源于游牧民族，相对粗犷，不崇尚空谈义理，与南朝佛教相比，禅学、律学和净土信仰更为盛行。其表现之一即重视雕刻佛像和开凿石窟，不惜工本，规模宏大、工艺精湛。

三、隋唐时期

佛教在中国经过四五个世纪的流传之后，进入了宗派形成和发展时期。隋、唐两朝的多数年代里，国家统一，经济实力强大，国际往来频繁，佛教也进入了综合南北思想体系，由学派演变为宗派；宗派有其各自独特的教义、教规，强调世系传法和继承权。

隋代一改北周灭佛的国家策略，转而倡导佛教；唐代对佛教的梳理整饬也得到相当重视。唐太宗组织大规模译经，为西行归来的玄奘开设译经场；在"交兵之处"建佛寺，悼念亡灵。武则天曾支持法师法藏创立华严宗。唐玄宗推崇密教，促使形成密宗宗派。

唐代中叶，很多人进入寺院逃避徭役赋税。寺院也利用均田制被破坏而扩充庄园，利用土地资源多方牟利。一段时期，佛寺垄断了大部分社会财富。寺院经济和国家利益矛盾激化，导致"会昌法难"中唐武宗拆毁各地寺庙，勒令僧尼还俗。拆毁寺庙约 4600 所，僧尼还俗 26 万人，没收大量的寺产。这次对佛教空前的打击，令大多数宗派跌入低谷。唐代安史之乱和会昌灭佛是中国佛教史上的两个重大转机。安史之乱以后，李唐政权逐渐疲弱，佛教经济也日趋衰微；惠能所创禅宗南宗挤掉了禅宗北宗，会昌灭佛事件也导致佛教鼎盛时期的结束。

隋代形成的天台宗是中国创立最早的一个佛教宗派，得名于创始人智顗在浙江天台山建天台寺（后更名为国清寺）。因教义以《法华经》为依据，所以又称法华宗。天台宗初祖上推至印度龙树，实际创始人为四祖智顗。至九祖湛然，以中兴本宗为己任，提出"无情有性"理论，认为草木砖石也有佛性。后遭遇唐武宗灭法，天台宗声势骤衰。

隋代信行主张佛教分三阶，因而创立三阶教，又因主张普信一切佛法，也称"普法宗"。三阶教在行持方面提倡苦行忍辱、乞食、一日一餐；反对偶像崇拜，认为一切众生都是真佛，路见男女一概礼拜；死后实行"林葬"，将遗体置于森林，为鸟兽食，以食布施。寺院库藏信徒施舍的钱粮，布施或借贷给信徒，或用于修缮寺塔，建立起本门派的经济基础。

三论宗也为隋代形成的宗派，以鸠摩罗什所译中观学派《中论》《百论》《十二门论》三论为主要典据。因主张"诸法性空"而称"法性宗"。三论宗实际上是印度中观体系龙树、提婆学术的直接继承者。鸠摩罗什门下僧肇被三论宗创始人吉藏尊为"玄宗之始"，鸠摩罗什和僧肇的学说原流传于北方，后继者僧朗于南梁时南下，在建康摄山栖霞寺传播"三论"。隋初年江南处在动乱末期，吉藏广搜各废寺文疏，并在会稽嘉祥寺讲法。后应隋帝邀请，驻锡长安日严寺，完成"三论"注疏，树立宗要，创立三论宗。以真俗二谛为纲，从真空理体揭破一切现象的虚妄不实，宣传世间、出世间一切万有都是众因缘和合而生，也就是毕竟空无所得；引导众生用假名来说有，此为"中道"的一切无所得中道观。

法相唯识宗的宗派创立者玄奘及其弟子窥基常住大慈恩寺，又称慈恩宗。用佛教范畴对世界一切现象进行概念的分析解释，宣扬"万法唯识"，强调不许有心外独立之境。玄奘西行往返17年，途经110个国家和地区，取回大、小乘佛典657部，撰《大唐西域记》。回国后全力翻译佛教经典，历时19年，译出瑜伽学、阿毗达摩学和般若学的大批经论，开启了中国译经史上的新纪元。

律宗为唐初道宣所创，于长安净业寺创立戒坛，重于研习和传持戒律；因净业寺地处终南山，又称南山律宗或南山宗。东晋以后印度佛教小乘部派的四部广律流传到中国。南北朝时，佛教中出现讲求律学的律师；至唐代，佛教内部施行统一的戒律强化结构体系，律宗应运而生。

华严宗因独树《华严经》为最高佛典，用来统摄一切教义，即依《华严经》立宗；也因武则天赐号创始人法藏为"贤首"，又称"贤首宗"，也称"法界宗"；祖庭为长安华严寺。法藏以《华严经》为基础，汲取玄奘新译的部分理论，完成判教，充实观法，建立宗派。宣扬"法界缘起"理论，认为本体是现象的根据、本原，一切现象均由本体而起，由此说明一切现象和本体之间、现象和现象之间皆为圆融无碍的，佛教各宗派的教义也是圆融无碍的。"圆融无碍"是观察宇宙、人生的法门，也是认识的最高境界。

密宗也称"密教""真言乘""金刚乘"等。自称受法身佛大日如来深奥秘密教旨传授，真言奥秘不经灌顶和传授，不得传习、示人。密教原为印度大乘佛教部分派别与婆罗门教结合的产物。唐代印度僧侣善无畏、金刚智和不空来华，在长安、洛阳传习《大日经》和《金刚顶经》两种密法，经过互相传授、融合，创立了中国佛教的密宗。

净土宗，因专修往生阿弥陀佛净土法门而得名，由唐代善导创立。传说东晋慧远曾邀集18人发愿往生西方净土，因而被奉为净土宗的初祖。净土宗的形成是弥陀信仰思潮发展的结果，其立宗的源头应追溯至北魏昙鸾，其在山西玄中寺修习净土法门，倡导阿弥陀佛往生西方世界的净土法门是唯一的出离之路。他的弟子善导在长安光明寺传教，阐述立宗理论，组成完备宗仪、行仪，创立净土宗。由于理论简单、法门易行，适于大众传播，所以净土宗广泛流行开来。

禅宗得名于其主张以禅定概括佛教全部修习，因"传佛心印"，以觉悟众生心性的本原佛性，又名"佛心宗"。北魏时期天竺僧人菩提达摩在嵩山少林寺创立中国禅宗。因唐代北方神秀的渐悟和南方惠能的顿悟学说的不同，形成南北禅宗。惠能南宗取代神秀北宗，成为中国禅宗的主流，也是"会昌毁佛"之后硕果仅存的一支宗派。南宗先分为南岳怀让、青原行思两系；唐末五代年间，南岳一系分出沩仰、临济两宗，青原一系分出曹洞、云门、法眼三宗，合为禅宗五家。唐代禅宗带有一定革新思想，除了顿悟，还有一个法门"小疑小悟，大疑大悟，不疑不悟"。禅宗还导化于山区，宣扬砍柴挑水，即境开发，容易征得人心，在民间广泛流传，逐渐成为唐以后佛教的主流。

四、五代至明、清

随着唐朝的灭亡，汉传佛教走入下行趋势，因各朝的皇权或地区政权采取的宗教策略不同，佛教发展因不同时期和不同地理空间的盛衰状况存在较大差异；各宗派的境遇也大不相同，时空转变带来特点纷呈。

五代处于南北分裂、社会动荡状态，国家层面对佛教采取严苛的政策。北方后周世宗时期还出现了佛教史上"三武一宗"之一的重大灭佛事件。佛寺半数以上被废；所有铜制佛像被用于铸造钱币。南方王朝趋向护佛，因而身处南方的禅宗、净土宗和天台宗尚能稳步发展。

至宋代南北统一，后周政权对佛教的抑制政策被完全改变，宋朝廷转而提倡佛教。太祖赵匡胤派遣百人僧团西行求法，并大幅增加度僧名额，寺院经济也得以恢复。但到了徽宗时期，政府财政与寺院经济的矛盾加剧，导致佛教被强行与道教并流，寺院改为道观，佛号、僧尼法名也变成道教名号。宋朝南迁后，对佛教采取了相对宽容的政策，使其得以维持，逐渐恢复了元气；禅宗、净土宗持续流行，天台宗、华严宗也得到过振兴和发展的机会。

北方的契丹和女真族的辽、金两国，前后统治约330年，对佛教保持了保护和支持的政策。辽国圣宗、兴宗、道宗三朝大力开凿石窟、刻经建塔、修建佛寺，佛教十分繁荣，以五台山为中心的华严宗尤其兴盛。在金朝，禅宗最为流行，金章宗以后，朝廷为筹军费，滥发空名度牒，使佛教走向腐化、衰退。

元代忽必烈笃信藏传佛教，奉藏传佛教萨迦派祖师八思巴为帝师，帝王须先就帝师受戒后才能登基。王朝的扶持，使得寺院拥有大量土地，商业经营覆盖各个行业，寺院经济异常兴旺，除藏传佛教外，禅宗以及新创宗派白云宗、白莲宗也在传播。

明代太祖皇帝是僧侣出身，对宗教有清醒的认识，特地对佛教进行整顿，限制佛教发展。这个时期，社会上兴起居士学者研究佛学之风，助推了佛教的提振。

清朝基本延续了元、明时代的佛教策略，同元代一样，非常重视藏传佛教。明末遗民出于各种原因很多人出家为僧，给佛教文化注入别样的内容。

五代之后，佛教宗派中以禅宗为主流，净土宗次之，天台宗、华严宗、律宗等仍有流传。各宗派在一段时期内互相融合，禅宗和净土宗融合，禅宗、净土宗又分别与其他宗派并流，出现"华严禅""天台禅"等。

惠能南禅宗的祖庭皆在岭南地区，唐末、五代时相对稳定，获得了进一步发展的机会，禅宗五家都在这一时期完成了树立门派。至宋初，禅宗五家中沩仰宗已停歇，曹洞宗、法眼宗也不景气，唯有临济宗和云门宗依然盛行。北宋时临济宗的慧南、方会又分别在江西的南昌黄龙山和宜春杨岐山开创黄龙、杨岐两派，与原先五家合称七宗。至南宋黄龙派衰落，杨岐派成临济宗的正统。北宋云门宗因雪窦重显、天衣义怀、灵隐契嵩等高僧的推动，曾一度得到振兴，至南宋又走向衰微。宋以后，天台宗等各宗派都依据净土信仰提倡念佛修行，有净土之说却少有纯粹的净土信仰。在净土信仰流行的同时，典型的净土宗却失去了原本独立的精神家园。

唐代会昌灭佛使天台宗典籍散佚殆尽。五代吴越王钱俶遣使向高丽访求天台宗教典，得智顗的大部分著述，由此典籍大备，一度在江浙呈中兴的气象。

华严宗在会昌灭佛之后长期处于沉寂状态。至宋初，长水子璿与弟子晋水净源在杭州弘传华严宗学说，还得到高丽王子带来的唐代有关《华严经》的大量章疏，助推了华严宗的复兴。而南宋以后，华严宗逐步落寂。

五、藏传佛教的传播

藏传佛教又称藏传佛教，在藏族地区形成和长期流传，是佛教与西藏本地宗教相克相生的产物。始于7世纪中叶，藏王松赞干布在尼泊尔尺尊公主和唐朝文成公主影响下皈依佛教，建大昭寺和小昭寺。至8世纪中叶，佛教直接从印度传入藏区。10世纪下半叶藏传佛教正式形成，至13世纪中流传于蒙古地区。此后300年间形成多个教派，普遍信奉包括显宗和密宗的大乘佛教，以密宗为盛。喇嘛阶层逐步掌握藏区政权，最终形成政教合一的藏传佛教模式。

藏传佛教在佛教教义的基础上，吸收西藏本教的神祇和仪式，形成了显密共修、先显后密的独特形态，主要有宁玛派、萨迦派、噶举派、格鲁派等教派。

藏传佛教的发展，经历了7世纪至9世纪"前弘期"，因朗达玛灭佛中断100多年，在10世纪进入再次兴盛的"后弘期"。"前弘期"始于松赞干布时代，经赤松德赞、赤祖德赞时代达到顶峰。此后，不同的佛教势力纷纷创立各自的教派，各派的修行方式、传承世系不同。最早形成的是宁玛派，影响最大的是格鲁派。

格鲁派在噶当派教义的基础上建立，也称"新噶当派"。因创始人宗喀巴在嘎登寺传法并以甘丹寺为主寺，也有"嘎登派"和"甘丹派"的称谓，是藏传佛教最重要的教派。15世纪初，宗喀巴进行宗教改革，创立格鲁派。明永乐年间，藏区地方政要资助宗喀巴兴建甘丹寺作为格鲁派主寺。宗喀巴之后，格鲁派势力继续扩大，修建了哲蚌寺、色拉寺、扎什伦布寺等寺院。

17世纪中叶，达赖五世阿旺·罗桑嘉措借助青海蒙古人力量，消灭噶举派的藏巴政权，建立起格鲁派"政教合一"的地方政权。

第二节　古代寺院的演变

佛寺是佛教活动的中心，容纳了供奉偶像和圣物的殿堂、佛塔，以及传教布道、研究经典、僧侣修行居住甚至圆寂等场所。一座佛寺往往也等同于一个佛教机构。佛寺本身也是一种象征和载体，以其空间形象讲述宗教精神和礼法。佛寺经常成为社会公众活动的场地，还担负农业生产、商业经营、社会公益等功能。佛寺承载的宗教意义，使人们对其赋予更多精神寄托和物质投入，佛寺的营造汇集了中国古代建筑、园林、雕塑、绘画、书刻等多种门类的技术与艺术成就，为今人留下极其重要的人文景观和文化遗产。

一、寺院的基本格局

佛教传入中国后逐步汉化，寺院建筑同样被中国化，被称作刹、寺、庙、庵或者梵刹、寺院、寺庙等。寺原为官署名称，"白马驮经"的传说中，经书来洛阳的第一站是外交事务机构鸿胪寺，以后就地建佛寺，命名白马寺，为中国汉传佛教寺院之滥觞。

印度佛寺被译为"僧伽蓝摩"，常被略称作"伽蓝"，"蓝摩"有园林之意。支提和精舍是印度佛寺的两种基本类型。支提为依山开凿的石窟寺，因洞窟中常以塔柱为中心，所以支提也是塔的称谓。精舍原为僧侣的讲道场所，后来也用于居住，进而设置佛像佛塔，成为了佛寺。另外，还有一种"阿兰若"，是僧人在旷野里建造的僻静之所，用于修道。

显然，中国寺院建筑的兴衰和佛教的历史命运是同步的，其形成和演变既受到佛教诞生地和传播途经地区佛教文化的影响，更取决于中国古代建筑的发展进程和地域性特征。

从白马寺之后，至东汉末年出现规模宏大的佛寺，笃信佛教的地方豪强笮融在彭城建浮图祠，据《三国志·刘繇传》记载：寺内佛塔九层八角，称为"九镜塔"，重楼阁道可容纳3000人课读佛经。南北朝时佛教兴盛，寺院数量庞大，北魏洛阳城有佛寺1300多所。从十六国时期开始，北方开凿石窟寺，南朝石窟寺虽不及北朝，但寺院建筑极盛，仅梁武帝集资建佛寺就有500余所。隋唐佛教发展更进一步，佛寺的数量规模超越前人。唐武宗灭佛时，毁官建佛寺4600所。宋代以来，寺院建筑一般分为禅、教、律三类。明洪武年间又规定寺院为禅、讲、教三类。自元代起，藏传佛教渗入汉地，喇嘛庙，尤其是黄教的寺庙，在明清时期被广泛建造。

中国的佛寺建筑发展定型为两个主类：石窟寺和院落式塔庙。石窟寺仿照印度佛教的支提石窟寺开凿山体建寺，石窟寺的分布是从佛教东传路线通过的地区向外展开的，石窟寺的营建主要集中在北朝至唐代，宋代以后的开凿大幅减少，或者做一些先前石窟的局部扩建。院落式塔庙也称"浮屠寺"，"浮屠"指的是佛塔，供奉佛龛、圣物。早期寺院带有西域佛寺的影响，以塔为中心，中轴线上的殿堂和周边廊庑等建筑围绕院落当中的佛塔布局。魏晋南北朝士族、富商兴"舍宅为寺"的风尚，因为是由宅院改建，未能造塔，便在正堂中设供奉位置，这也影响到院落式佛寺形制的产生。到了南北朝时期，汉地佛寺的格局已经有了基本模式，将中国古代院落的空间组合与宗教活动的功能需求、精神象征融合在一起。隋唐是中心塔寺院向以中轴线殿堂序列为中心的寺院转变的时期，佛塔已不再是佛寺的标配，即便是造塔，也置于周边的塔院。中国传统建筑空间的仪式感是通过中轴对称格局来体现的，佛教汉化的过程中，对于场所精神的领悟同样也入乡随俗了。

藏传佛教寺院受西藏山区地理环境影响，形成区别于汉地寺院的对称格局，采取随地形变化布置建筑的方式，主殿居中，其他各类建筑、院落依次环绕周边。

二、寺院殿堂配置的演变

寺院建筑中普通的屋舍称为"堂"或"寮"，僧人在此起居和修行；而寺院中的主体建筑被称作"殿"，用以安置佛像，供信徒祭拜。禅宗寺院在宋代形成并固定下来的殿堂配置制度，被称作"伽蓝七堂"，一直被沿用。"伽蓝"与寺院同义，"伽蓝七堂"布局是在汉地典型的围合院落基础上赋予了佛寺的功能和象征意义。因地域和佛教宗派的不同，"伽蓝七堂"制度下的各个寺院建筑殿堂配置构成也有所差异。明清以来常见的七堂包括：山门、天王殿、大雄宝殿、后殿、法堂、罗汉堂和观音殿，而早期的禅宗七堂之制解释为：山门、佛殿、法堂、方丈、僧堂、浴室和东司，或者为：山门、佛殿、法堂、僧堂、库房、西净和浴室。七堂之外，寺院还可设置塔、经幢、钟鼓楼、讲堂、禅堂等建筑。

在明以后的七堂定式中，布置在中轴线上的殿堂从前至后依次为山门、天王殿、大雄宝殿、法堂、藏经阁；山门与天王殿之间院落的左右，以中轴对称布局设钟楼和鼓楼。中路院落的两侧为廊庑，在院落的厢房位置分布伽蓝殿、祖师堂、观音殿、药师殿等。中路院的左右两侧院落分别安排僧房、职事堂、斋堂、茶堂等生活起居空间，以及云会堂容留云游僧人。

佛寺的院门多为左、中、右三座门，称"三门殿"，取空、无相、无愿"三解脱门"之意，也称"山门殿"。殿内大门左右两侧供"密执""那罗延"二金刚像，又被称为"金刚殿"。

天王殿供奉被中国化的弥勒佛的坐像，左右侧龛为四大天王像，与弥勒佛背靠背的是韦驮像。

大雄宝殿是寺院的正殿，"大雄"是对释迦牟尼道德、法力的尊称。正殿供奉主尊佛像，因佛教宗派和所处时代不同，正殿供奉主尊也有所不同，佛像的配置有释迦牟尼或毗卢佛或接引佛的一尊像、三尊像和五方佛像；两旁通常还有迦叶尊者和阿难尊者像。正殿两侧和倒座部分也会供奉十八罗汉、三大力士和海岛观音像。

观音殿又称大悲殿，观世音主张"随类化度"，无论贵贱，随机应变各种化身拯救所有人的苦难，隋唐时代开始，即获得社会普遍信仰。

除观音之外，地藏殿所供地藏菩萨，在中国古代是拥有最多信奉者的菩萨。

伽蓝殿位于大雄宝殿左手侧，供奉守护僧园土地的神像，又称土地堂。祖师殿位于大雄宝殿右手侧，大多属于禅宗体系，中央供初祖达摩，左为六祖惠能，右为百丈怀海。

罗汉堂供奉五百罗汉。中国从五代开始尊崇五百罗汉之风盛行，寺院纷纷建罗汉堂。

法堂是禅宗演说大法之堂，其他宗派称"讲堂"，用于讲法皈戒集会，是仅次于正殿的重要建筑。法堂除布置佛像，还设法座，供讲法之用。法座后面挂释迦牟尼说法传道画像，前面设讲台，台上供小佛坐像；台下设香案，两侧为听众席。法师说法要击鼓鸣钟，所以法堂左右两侧设置大钟、法鼓。

第三节　佛教胜迹的地理分布

中国佛教与胜景名山存在着一种天然联系，很大一部分重要的佛教道场寺院选择名山作为基址，自然风光与佛教文化长时间的交融互动，形成佛教名山钟灵毓秀的独特景观。

一、名山

唐代是禅宗走向繁荣的时期，禅僧以脚行天下参禅、寻山求法悟道作为修行方式。僧人行脚云游多以有名望的高僧大德或置于名山胜迹之中的佛寺为参拜对象。唐末时期，五台山文殊菩萨道场、终南山三阶教圣地、凤翔法门寺佛骨圣地、泗州普光王寺僧伽大师圣地等成为云游僧人汇集的地方。南宋时制定禅院官寺制度，为"五山十刹"之规定。五山包括：余杭径山兴圣万福寺，钱唐的灵隐山灵隐寺、南屏山净慈寺，宁波的天童山景德寺、阿育王山广利寺；十刹包括：钱唐中天竺永祚寺、湖州道场山万寿寺，温州龙翔寺，义乌宝林寺，奉化雪窦资圣寺，天台国清寺，闽侯雪峰崇圣寺，江宁灵谷寺，苏州报恩光孝寺、云岩寺。这些名山大刹禅院大多集中在浙江，江苏和福建也有分布。

至明代，宋时建立的山刹寺院多数废弃，佛教徒趋向参拜各地与佛教历史、传说相关的名山胜景，其中最具影响力的是山西五台山、浙江普陀山、四川峨眉山和安徽九华山，并称佛教四大名山。

自唐代开始，五台山就已经是中外闻名的佛教圣地。五台山佛教始盛于北魏；唐代盛行华严宗，净土宗、律宗次之，晚唐兴起禅宗；元代密宗一度在五台山得势；明清之后五台山"青庙"多属禅宗的临济宗、曹洞宗，也有些归于净土宗，被称为"黄庙"的喇嘛寺庙则属于密宗。

五台山位于山西省北部，属太行山系；五峰之间称台内，有台怀镇，寺庙云集，是五台山佛教胜迹的核心区，被比附为文殊菩萨显灵说法的道场。这让佛教《华严经》的信徒似乎看到了灵山幻境，竞相前来叩拜，从而使五台山成为汉地首屈一指的佛教圣地。五台山，北魏就开始了佛寺的兴建，经历代建设，形成中国最大的佛寺建筑群。敦煌莫高窟现存《五台山图》记录了五代时期五台山寺院曾经的盛况。五台山现存寺庙 47 处，重要的寺院有被称为"五大禅处"的显通寺、塔院寺、菩萨顶、殊像寺和罗睺寺，此外还有秘密寺和南禅寺等。

普陀山是浙江舟山群岛中的一个岛，传说为观音菩萨的道场。五代时，日本临济宗僧侣慧萼从五台山请观音像由海路回日本，在普陀山受风浪所阻，受观音菩萨不肯去日本而留在中国的灵示，便在普陀潮音洞紫竹林建"不肯去观音院"。南宋时，普陀佛教各宗皆归于禅宗，并规定普陀山主供观音，一直延续至今。普济寺、法雨寺和慧济寺被称为"普陀三大寺"。

峨眉山位于四川峨眉县，东汉开始流行道教，唐代以后佛教日盛。宋太宗时期在峨眉山造巨形普贤菩萨铜像，建普贤阁安置，此后峨眉山成为普贤菩萨的道场。峨眉山佛寺在明、清两代达到极盛，清代以后寺庙衰败，还保留报国寺、万年寺、千佛庵、普光殿、白龙寺、仙峰寺、伏虎寺、雷音寺等遗迹。

峨眉山在历史上住持道场者多为禅宗宗派，初为曹洞宗、云门宗主导，后世多为临济宗，曹洞宗次之。

九华山位于安徽青阳县，传说地藏菩萨降迹新罗国为王子金乔觉，于唐高宗时来中国，在九华山苦修，与当地人营建寺院，逐渐发展成为地藏菩萨道场圣地。几经浮沉，九华山尚存留百岁宫、东崖寺、祇园寺、甘露寺四大丛林，以及开山主寺化城寺、月身宝殿等。

二、祖庭

隋唐时期分化出来的佛教八宗，有各自的开创人和传承脉络主干，其中被尊为祖师的高僧所创或驻锡的寺院，称为"祖庭"，其在佛教史上占据重要的地位。

天台宗祖庭位于浙江天台县天台山。据传三国时即有僧人在此建寺，以后有多位名僧到此修习禅定。天台宗三祖、创始人智𫖮于南朝陈太建年间率弟子至此居草庵讲经。隋代杨广在天台山建寺，赐名国清寺，为天台宗道场。现存的建筑为清雍正年间所建。

南京栖霞山栖霞寺是三论宗祖庭之一，三论宗初祖僧朗、二祖僧诠住南京栖霞寺。南朝齐永明年间，居士明僧绍隐居江乘栖霞山，舍宅为栖霞精舍，为栖霞寺源头。隋高祖时期立栖霞寺舍利塔为天下之首；唐高祖时期称功德寺，高宗时期改功德寺为隐君栖霞寺；明朝洪武年重建，赐栖霞寺匾额；清咸丰年间遭大火损毁，光绪三十四年重建，大致恢复旧貌。寺内保存一座隋仁寿元年所建舍利塔，塔东为无量殿，殿后山崖上有自南朝开始陆续开凿的千佛岩，是著名的石窟。

法相宗祖庭慈恩寺位于西安市南4公里。隋代为无漏寺，唐贞观年间改建，规模宏大，以"慈恩"命名。慈恩寺塔又名大雁塔，塔南面有镶嵌唐太宗所撰《大唐三藏圣教序》和唐高宗所撰《大唐三藏圣教序记》碑，由大书法家褚遂良书写，为天下名碑。

兴教寺为法相宗另一祖庭，位于西安市长安区，玄奘遗骨迁葬于此，并有玄奘舍利塔为纪念。清同治年间寺院被毁，仅存三塔，民国年间两度重修。

西安的华严寺为华严宗祖庭之一，位于长安区少陵原，初祖杜顺、二祖智俨住终南山至相寺宣讲《华严经》。三祖、宗派创始人法藏圆寂后葬于寺的南侧。华严寺始建于唐贞元年间，清乾隆年间少陵原部分坍塌，寺院殿堂损毁，仅存初祖杜顺禅师塔和四祖清凉国师塔两座砖塔。

草堂寺为三论宗祖庭，也被华严宗奉为祖庭，位于陕西户县圭峰山。草堂寺是汉地最早的国立翻译佛经译场，也是持续时间最长、规模最大的译场，被认为是佛教中国化的起点。相传创建于东晋，原为后秦姚兴所建逍遥园。鸠摩罗什曾在此苫草为堂翻译佛经，死后在此火葬。华严五祖定慧禅师曾在此起草《圆觉经疏》，后入寺南圭峰兰若诵经修禅，并葬于东小圭峰。唐大中九年所立《圭峰定慧禅师碑》

由裴休撰文书写、柳公权篆额。唐以后不断修饰，寺内现存唐代建造的鸠摩罗什舍利塔。

律宗祖庭大明寺位于扬州城北蜀岗中峰上，初建于南朝宋大明年间，隋文帝仁寿元年建栖灵塔，改名"栖灵寺"；清乾隆巡游扬州时恢复原名大明寺。律宗南山宗创立人唐代道宣住陕西终南山丰德寺，著《四分律行事钞》，后移居住持位于陕西长安县的净业寺弘传律学，该寺也成为律宗祖庭。其再传弟子鉴真住扬州大明寺讲法，丁唐天宝年间赴日本传授律学，在奈良建唐招提寺。鉴真东渡后大明寺几度兴废。1973 年在大雄宝殿东侧建鉴真纪念堂，为建筑学家梁思成仿唐招提寺风格设计。清代律宗根本道场隆昌寺位于江苏句容县宝华山，明末寂光在此中兴律宗，亦作为律宗祖庭。

密宗祖庭大兴善寺位于西安城南，始建于西晋武帝年间，初名为遵善寺，隋文帝时改名大兴善寺。唐开元年间印度高僧善无畏、金刚智和不空在此译经传法，使大兴善寺成为长安最重要的佛经译场之一，也是密宗的起始之地；唐代一行和尚住持此寺。现存的寺院为明清时期所建。

密宗的另外一处祖庭青龙寺位于西安市东南郊，建于隋开皇年间，初名为"灵感寺"；唐代经修缮，更名为"观音寺""青龙寺"。唐贞元年间日本僧人空海到青龙寺，拜师于不空的弟子惠果。回国后创立日本真言宗，"青龙寺"也成为日本真言宗祖地。北宋元祐元年青龙寺遭毁，1979 年其遗址被发掘。

净土宗祖庭玄中寺位于山西交城县西北，北魏延兴年间初建。净土宗高僧昙鸾曾在此传法；隋代道绰和唐代善导相继在此住持，完成净土宗体系的创立；清代大部分建筑被毁，1955 年重建。日本净土宗奉昙鸾、道绰、善导为净土宗三祖，以玄中寺为祖庭。

陕西长安区郭杜镇的香积寺亦为净土宗祖庭。唐神龙年间善导的弟子怀恽等人为纪念善导而建。现存建筑仅善导塔和敬业塔为唐代建造。

东林寺为净土宗在南方的祖庭，位于江西庐山西北麓，是东晋太元年间官员桓伊为净土宗初祖慧远所建；曾为南方佛教圣地。

禅宗分南、北两宗，北宗禅主要活动在北方嵩、洛地区，经历短时间繁荣之后很快衰落。南宗禅人才辈出，经久不衰，成为禅宗主流；再分南岳、青原两支。南岳系分临济宗、沩仰宗；青原系分曹洞宗、云门宗、法眼宗；临济宗又分黄龙、杨岐两派。

少林寺由于是禅宗初祖菩提达摩来此面壁、传法之地，被封为禅宗祖庭。它是北魏孝文帝为天竺僧佛陀跋陀罗而兴建，位于河南登封市少室山北麓。毁于北周武帝灭佛。北周静帝时期重建，数度兴废，现存建筑大部分为清雍正年间重修时的遗物。少林寺西侧塔林为唐至清各代建造的砖石墓塔，计 240 余座。少林寺西北五乳峰上的初祖庵，传说为菩提达摩在此面壁九年的地方，初祖庵大殿为宋代遗构。

山谷寺位于安徽潜山县天柱山，又名三祖寺。相传南朝梁时期宝志禅师建此寺，禅宗三祖僧璨云游至此并扩建寺院，讲经传法。寺中现存唐代初建觉寂塔，为唐代塔基、宋代相轮、明代塔身。

四祖寺位于湖北黄梅县大河镇，古称幽居寺，又名正觉寺，为禅宗四祖道信的道场。现存四祖殿、慈云阁、众生塔、摩崖石刻及道信墓塔毗卢塔。

五祖寺又名东山寺，位于湖北省黄梅县五祖镇，为禅宗五祖弘忍传授禅法、弘扬东山法门之地，也是六祖惠能求法受衣钵之地。始建于隋末，唐代扩建，之后不断损毁和复建，现存木构殿堂多为后世重修。

广东韶关曹溪的南禅寺为禅宗六祖惠能的道场，初建于南朝梁天监年间，原名"宝林寺"。唐代仪凤年间惠能在广州法性寺受戒，之后住持宝林寺，开创南禅宗；此寺成为禅宗祖庭，宋太祖敕赐"南华禅寺"。寺院几度兴废，现存建筑为灵照塔、六祖殿、曹溪门、放生池、宝林门、天王殿、大雄宝殿、藏经阁等；除灵照塔、六祖殿外，其余皆为 1934 年后虚云和尚募化重修。

南岳般若寺为禅宗南岳系祖庭，位于南岳衡山掷钵峰下，初建于南朝陈光大年间。唐先天年间，怀让禅师至此弘扬禅法，开创南禅宗南岳系，后分临济、沩仰两宗。寺院于宋代扩建，更名"福严寺"，清代重修。

青原山净居寺为禅宗青原系祖庭，位于江西省吉安县，青原系分出曹洞、云门、法眼三派，尊行思为禅宗七祖。净居寺始建于唐神龙年间，宋代徽宗赐名"净居寺"，之后多次被毁和重修，现存建筑多为清代和民国时期建造。

临济宗祖庭临济寺位于河北省正定县城东南，初建于东魏兴和年间。唐大中年间义玄开道场，创立临济禅院，盛极一时。现存澄灵塔为唐咸通八年义玄去世时所建。

福建福清黄檗山万福寺，被日本黄檗宗奉为祖庭。临济义玄之师希运禅师住持万福寺，黄檗山此后为禅宗一大丛林。

　　沩山和仰山因灵佑和其弟子慧寂分别在此开法而成为沩仰宗祖庭，沩山位于湖南省宁乡县，仰山位于江西省宜春县。洞山和曹山也是因为良价、本寂师徒驻锡之地而成为曹洞宗祖庭，洞山位于江西省宜丰县，曹山位于江西省宜黄县。另外，宁波天童寺因宋代从正觉禅师开始在此弘扬曹洞宗，也被奉为曹洞宗祖庭。

　　云门宗祖庭云门寺位于广东省乳源县，创建于五代后唐同光年间，原名"光泰禅寺"。五代文偃禅师在此创云门宗，北宋时一度繁荣。现存建筑多为 20 世纪 30-50 年代重建。

　　法眼宗祖庭清凉寺位于南京市清凉山，五代十国初为兴教寺，后为清凉道场。文益禅师住清凉寺，创法眼宗。原寺早已荒废，现存建筑为清末所建。

　　此外，临济宗的分支黄龙派祖庭黄龙山位于江西省武宁县；杨岐派祖庭杨岐山位于江西省萍乡市；苏州虎丘灵岩寺为杨岐派五世绍隆创立虎丘派之地；浙江杭县径山的径山寺为杨岐派五世大慧宗杲开创径山派之地。

第二章 中国古代寺院建筑的人文地理研究

第一节 中国寺院文化的地理学研究进展

19 世纪以后，地理学已经从地理知识文献积累的记述性体系，逐渐成为对地表地理现象的内在联系和规律性进行探索，研究地理要素及综合体的时空分布、演变以及区域特征的学科。

"人地关系的地域系统"是地理学家吴传钧对地理学研究核心的概括。地理学强调自然科学与人文科学的交叉，具有综合性、交叉性和区域性的特点。地理学多维度、动态化的视角是地理综合研究方法的体现，围绕人地关系的综合性和动态性，包含在环境动态研究、社会动态研究，聚焦环境和区域综合分析之中。

文化地理学是人文地理学的分支，其核心概念为"文化区"和"地方（场所）"，研究文化区、地方的形成机制及尺度转换，围绕着核心概念形成文化生态、文化源地、文化扩散、文化区和文化景观等研究主题。

语言和宗教是文化地理学研究中两个最重要的文化景观。20 世纪 30 年代，美国地理学家索尔创立"景观学派"，把"文化景观"作为人文地理学研究的核心。文化景观的地域性、多样性、复杂性特点，使其一直是文化地理学研究的重点对象。

20 世纪 80 年代，景观学派在人文和社会科学中经历了"文化转向"，"新文化地理学"的概念被提出，将意义、权力和符号景观等作为研究的重点，以社会空间取代自然空间。现代社会中，社会空间分布格局上的歧视、压抑、排斥、不公正性等，是新文化地理学"文化转向"的主题。文化地理学将研究关注点从文化人转向社会群体的社会空间，从而与社会学、人类学、政治学等学科交叉。"文化转向"也使得各学科关于社会群体的价值表述被纳入文化地理视野。

宗教地理学融合地理学和宗教学、历史学的理论和方法，是人文地理学的三级学科。宗教地理学是文化地理学的重要分支，研究文化区域中的宗教与文化生态的关联性和相互作用，包括宗教的时空格局、宗教文化景观，以及宗教与民俗、方言、自然环境、政治经济的关系等多方面问题。宗教研究对文化区的划分担负着重要的作用。国内宗教研究的地理学方法应用于宗教的传播、扩散及空间分异，宗教和宗派起源地、教徒产生及地理分布，包括宗教景观在内的宗教体系发展的地理环境等方面。

佛教是东方文化中影响最广泛、持续性最强的宗教。佛教传入中国之后，其思想渗入中国传统文化的各个领域。所以，中国宗教地理学的研究主要集中于佛教地理的课题，研究内容集中在佛教地理分布，佛教与文化、社会、经济发展的关系，以佛教文化为资源的旅游发展等课题。

中国佛教地理"聚焦于宗教地理学、历史地理学和区域地理学等学科，或融涵于宗教地理之理论，或收摄于断代史佛教地理，或归属于区域佛教地理，从不同角度对特定历史与地区的佛教传播、寺院分布、高僧籍贯或驻锡地等进行了研究"[①]。

中国佛教文化的地理学研究者普遍认为，20世纪20年代初，梁启超关于佛教传播的历史地理论著，诸如《佛教之初传入》《佛教与西域》《又佛教与西域》《中国印度之交通》等为近现代佛教地理研究之嚆矢。同时代的日本学者常盘大定、关野贞等来华考察中国多个省份佛教文化遗迹，将考察成果整理出版，如《中国文化史迹》《中国佛教史迹》及《中国佛教史迹评解》等，也是较早记述中国寺院建筑的地理分布的著作。20世纪30年代以后的佛教史研究中，也把某个历史时期的佛教地理分布作为研究内容。汤用彤的《汉魏两晋南北朝佛教史》中有"汉代佛法地理上之分布"的章节，论述佛教文化的区域特征，详细考证佛教的入华路线。1943年出版的刘汝霖的《中国佛教地理》一书，对名都、名胜的佛教发展状况做了记载，首次使用"佛教地理"这个概念。

从20世纪50年代至80年代初端，由于国内的文化地理研究并未开启，作为其分支的宗教地理学科同样得不到推进。20世纪80年代以来，这个领域逐步发展起来。台湾学者佛教地理的研究著述首先见诸学术园地，何启民的《佛教入华初期传布地理考》和颜尚文的《后汉三国两晋时代寺院建筑之分布》对早期佛教传播地理及寺院形制和分布，印顺的《佛教史地考论》对佛教传播地理、中国地志、佛教圣地等做了考证工作。大陆学者辛德勇的《唐代高僧籍贯及驻锡地分布》是来自历史地理角度的研究成果。20世纪90年代之后，进入佛教地理研究领域的学者数量

---

① 景天星.近百年的中国佛教地理研究［J］.宗教学研究，2017（02）：101-109.

激增，产生了很多以地理学方法和视角研究佛教文化的重要专家及成果，如《唐代佛教地理研究》《魏晋南北朝佛教地理稿》《西北佛教历史文化地理研究》《六朝江东佛教地理研究》《两晋南北朝时期河陇佛教地理研究》《藏彝走廊北部地区藏传寺院建筑研究》《唐代寺院建筑的地理分布》《康区藏传佛教文化区的划分及相关问题》《五台山佛教文化的地理学透视》等。

　　虽然佛教地理归属在宗教地理学之下，但国内佛教地理研究长期注重于历史地理学的方法和视角，往往被划归佛教历史地理范畴，重要研究成果多出自历史地理学科。文化地理学与历史地理学之间虽有密不可分的关系，但就学科归属门类并没有从属关系，研究走向和方法也有所不同。文化地理学和历史地理学处于地理学的不同分支上，历史地理学还包含了历史自然地理和历史人文地理。文化地理学是人文地理学之下的二级学科，立足于文化的空间要素的现象和变化进行研究；历史地理学则研究地理环境及其演变规律的历史构成。历史地理与文化地理研究上的互动性可以提高对区域文化特质的全面认识。"一个地区的历史地理往往可以给该区的文化地理以全面的解释；而一个地区的文化地理只能对该区的历史地理提供某种侧面的例解。历史地理学可以在不常提文化概念的情况下独立存在，而文化地理则常常要依靠历史地理为它作文化区形成、文化传播、文化传统等文化地理现象解释"[①]。

　　佛教历史地理的研究多围绕魏晋南北朝和唐代佛教地理而展开，包括探讨南北朝僧人的出生地与佛教石刻的地理分布，分析文献中各地寺院数量、高僧活动和寺院的地理分布，以及译经地点的分布；从地理的角度研究佛教学派的人物、著作的分布和学者活动地点的变化；探讨高僧籍贯和驻锡地分布、佛寺与石窟分布以及佛教中心区域的形成与变迁。有代表性的著作如严耕望的《魏晋南北朝佛教地理稿》，论述了"佛教东传及其早期流布地域""三国两晋佛教流布地理区""东晋时代佛学大师之宏佛地域""东晋南北朝高僧之地理分布""东晋南北朝佛教城市与山林""佛教教风之地理分布""五台山佛教之盛""佛教石刻之地理分布"等。

　　关于隋唐的佛教历史地理，有了对隋代佛寺地理分布、唐代高僧出生地及驻锡地分布和变迁、唐代高僧籍贯的地理分布、唐代佛教义学风尚及其地理分布、唐代寺院地理分布、历史传承与佛教地理分布、唐代高僧游徙的空间分异、区位条件与

————————————

①　刘沛林.文化地理学与历史地理学的关系［J］.衡阳师专学报（社会科学），1995（04）：49-51.

佛教地理分布等课题的研究成果。

对于宋至清代的佛教历史地理的研究，多以区域为主。宋以后的佛教趋于民俗化和生活化，传播与分布范围更广大，佛教地理更需学科交叉研究，学术体系建构需要一定的过程，现有的成果相对单薄。

第二节　寺院文化景观

19世纪，近现代地理学的形成与"景观"这一概念被引入地理学几乎是同步发生的。德国的亚历山大·冯·洪堡在其著作《宇宙》中将"景观"作为一个科学名词引入地理学。这以后的景观概念不再只是视觉的对象，而被认为是"地表可以通过感官感受到的事物，而这种感受的总合就是地理景观"[①]。

20世纪20年代以后，美国景观学派代表卡尔·索尔进行了以文化景观为核心的人文地理学研究的转向，认为人文地理学的核心是解释文化景观，文化景观是某一文化群体利用自然景观的产物，文化是驱动力，自然是媒介，而文化景观则是结果[②]。索尔指出，地理学的研究内容为区域知识，而区域知识等同于景观分布学。索尔最擅长的是依据景观形态来确定区域。例如他研究不同类型的谷仓分布，从而将相同形态谷仓分布的地区确定为一个文化区[③]。70年代之后，随着空间研究的"文化转向"，人文地理学的文化景观研究也从景观特征及变迁规律，转向社会群体"地方感"的价值、"空间生活经验"的意义的探讨，从而推动了文化遗产价值认知体系的更新，为人类景观遗产的细分提供了理论支持。

寺院建筑是最重要的佛教文化景观，"寺院"是对佛教庙宇常见的称谓，很多寺院的别称源自外来语汇，如伽蓝、梵刹、佛刹、净刹、精舍、兰若等。

"寺"原为古代政府机构场所，佛教初传时期，外事接待部门鸿胪寺承担了僧人馆舍的功能，"寺"的名称逐渐被移植给僧人驻地和佛像安置之所。"寺院"是从唐代玄奘在长安慈恩寺翻经院译经开始，加入了"院"字渐渐被广泛使用的。"寺"是通称，"院"常指寺的组成部分；"院"也可单独为寺庙的称呼。

---

① 杰弗里·马丁. 所有可能的世界：地理学思想史［M］. 上海：上海人民出版社，2008：221.
② R. J. 约翰斯顿. 人文地理学词典［M］. 北京：商务印书馆，2005：133.
③ 周尚意. 文化地理学研究方法及学科影响［J］. 中国科学院院刊，2011（04）：418.

从东汉明帝时期的洛阳白马寺开始，陆续有较大城市如建业、广陵、彭城等兴建寺院的记载。东晋十六国以后，随着佛教的盛行，寺院无论规模和数量发生了陡增。极致的例子是：北魏政权下建寺数量竟达 3 万多座。再到唐代会昌灭佛对寺院的统计，全国的寺 4600 多所、兰若 40000 余所。寺院有"官寺"和"私寺"之分；而"兰若"因规模小且被简化，不称其为寺。

唐代禅宗兴盛，很多寺院专修禅宗，称寺院为丛林、禅林，有了禅寺和教寺之分。五代吴越王钱镠把江南教寺改作禅寺，宋代又制定"五山十刹"禅林官寺制度，之后，天台教院再设教宗的五山十刹。元、明时期，寺院被统分为禅寺、讲寺和教寺，法派与寺院形成固定的对应关系。"禅"指禅门各宗；"讲"指天台、华严诸宗的教理讲说；而"教"专指关于真言密咒、显密法事的仪式。

中国早期寺院的建筑布局脱胎于印度佛寺，僧房围合的院落中央设方形的佛殿或佛塔安置佛龛，之后逐渐向汉族的合院布局过渡。大多寺院倾向于选择廊院与中轴对称的基本形式进行空间组合。将山门、天王殿、大雄宝殿、藏经楼等主要殿堂布置在中轴线上，前后殿堂之间院落的左右侧为配殿或廊庑，这个序列形成寺院主干；其他功能院落分置两侧跨院。在此基础上，寺院建筑逐渐形成"伽蓝七堂"定式，虽然七堂之制非某个宗派独有，但是禅宗的力推对其普及起了很大作用；宗派的不同也会带来形制上的差异。

寺院作为佛教文化景观的主体，无论是从历史地理学角度研究佛教的区域、分布、传播、演变，还是基于文化地理学方法研究佛教文化的空间、场所、分区、生态、系统等课题，都是要述及的基本内容。

佛教历史地理研究的目的还在于复原历史时空中的佛教文化景观，包括寺院和其所处的自然和人文环境、还原同一时间节点景观在空间上显现的状态，以及随时间推移景观的空间呈现。寺院建筑的相关历史记载主要依靠方志和佛教典籍，方志是以行政区划为地理范围的，以行政区划来选择空间范围，而文化分区的边界并不与之重合，从而在分界界面上发生时间等要素的错位，使景观复原更为复杂化。

第三节　寺院文化要素的空间分布与分区

时间、空间、地理要素的综合，是最大限度还原文化景观在连续时段上的表现的途径，是历史地理学相关研究的基础。与历史学的纵向研究相较，历史地理学属于横断研究，选取时间断面进行地理各要素及其结构关系的研究。时间断面并非平面，而是立体空间，需要选取地理现象演变的阶段性节点。这些阶段性节点往往能汇集和显现更多的历史特征和信息，而对不同断面进行叠加寻求历史演变轨迹，正是地理学方法的优势所在。

"地理学研究中所谓剖面（或称断面、时间横断面），是指在时间轴上的任意时刻截取的与时间流向垂直的断面。以此可以将过去某一时刻的地理空间拟定于时间的横断面上，来说明和叙述过去的地理空间中的地理事物"[①]。

在研究文化景观和历史空间的基础上，文化地理学还要鉴别与区分不同的文化区域，文化空间、文化区域、文化景观、文化过程和文化生态皆为文化地理学的研究主题。文化发展存在时间和空间上的差异，其新陈代谢的历程和传承变异的因果归于史学研究；文化的扩散和分布格局的研究则是地理学内容。文化演变和地域表现全息图景需要历史和地理两个学科的交叉综合。

研究宗教的地理格局，仅从纯粹的宗教学和地理学入手，不探其历史背景，很难获得真谛。"地理学的任一分支，都几乎可以只研究当代，而不及于以往，唯独文化地理，若不追索历史，则无从起手。就这个意义而言，文化地理已隐含着历史文化地理的内涵"[②]。

文化区有形式文化区和机能文化区之分：机能文化区与行政区类似，有一个核心在机能上起协调、主导作用；形式文化区也就是通常理解的文化区，则显示某些文化特征或文化认同人群的地域格局，如语言、宗教等单一或者复合文化特征的地理分布范围，即文化分布区。

文化区所表达的内容除了文化特征的格局，就是以文化特征分布来划分文化区域。划分文化区应把同质的文化特征与异质的文化特征从空间上进行区分，体现出文化的地域差异性。而文化区亦即形式文化区不同于行政区划，其边界大都是模糊的，区域之间甚至有宽泛的过渡地带，有时因为分析视角、方法和要素的不同，文化区划会产生不同结果。文化区之中的文化特征影响从核心向边界呈递减之势，而

① 菊地利夫．历史地理学的理论与方法［M］．西安：陕西师范大学出版社，2014：190.
② 周振鹤．中国历史文化区域研究［M］．序论．上海：复旦大学出版社，1997：2.

非均匀状态。

文化地理的研究中，划分某个历史断面的文化区域，还原那个时期的有形和无形的文化景观尤为重要。复原文化区历史空间场所，其实是在探寻文化区域之间分异现象的同时，分析文化区自身内小尺度空间的文化差异，这种差异往往是难以忽视的。

实际上，对于损佚、不完整的文化景观，无论是实物还原还是非物质层面的还原都无法达到原真性，或是停留在意象上，存在着发展余地。这也使得文化区划具有一定的动态性和时效期。

在地方语言、宗教信仰和礼仪风俗等文化景观当中，对文化区划的作用最显著的是方言，宗教也尤为重要。在中国历史上，宗教从未动摇过政治体制的主导地位，宗教集体意识偏弱，宗教文化的区域特征相对隐含。

佛教文化区的形态也是要在历史断面上探寻，不同的历史时期，因信奉佛教的内容不同而产生不同的人和社会的表现。佛教初传，只在局部地区传播；东晋十六国后逐步扩大了区域和社会影响，经南北朝发展，隋唐达到峰巅；宋以后，佛教在汉地基本处于浮沉交替的境况。

南北朝时期是佛教在中国逐步被广泛接纳崇奉，并进入学术深化的一个关键阶段，可作为一个历史地理研究的时间断面。历史地理学者周振鹤在研究这一时期佛教信仰要素、佛教活动要素及入藏经典撰译地点的分布时划定了："淮南江表、江汉沅湘、岭南、巴蜀、河淮之间、河东河北、关陇河西七个区域，前四个地区基本上位于秦岭、淮河这一地理分界线以南，后三个地区在其以北。"[①]

佛教信仰要素包含僧侣的生长地和佛教石窟、石刻、造像两类，佛教活动要素包含文献记载的各区域佛寺数量统计、高僧活动在各区域分布以及各区域的佛寺分布。

南北朝时期佛教影响基本遍及南、北方皇权所辖区域内，受地域文化影响南北差别明显，北方重修行，南方重义理。北方佛教要素分布比较均衡，南方佛教要素分布更集中。北方河淮之间、河东河北和关陇河西各地所出僧人数量、高僧活动、佛寺数量等情况相近；南方淮南江表、江汉沅湘、岭南、巴蜀各地在这几方面相差

---

① 周振鹤.中国历史文化区域研究［M］.上海：复旦大学出版社，1997：83.

悬殊，且各区域都有一个或多个集中程度较高的中心。

南、北方佛教地理变迁也不相同，南方分布格局变化长时间地保持稳定，北方则因皇权更迭而差别很大。南方最大佛教中心基本稳定在建康，其所在丹阳、会稽等四郡佛教也很兴盛，形成佛教分布集中区域；南方的江陵所在南郡，与襄阳形成一个佛教分布密集地带；巴蜀成都、岭南番禺也形成地方性的佛教中心。

北方佛教中心原位于凉州，北魏灭凉后东迁平城，迁都再南移洛阳，东、西魏又分移邺城、长安。

北朝寺、僧的总数远超南方，石刻造像大多分布在北方，说明佛教在北方的信仰层次高于南方，佛教实体也更庞大。而经典撰译地点和所出经典数量，南方远多于北方，南方的著名高僧、寺院也更多，表明在佛教的学术层次上，北方远逊于南方。

隋唐时期，独立发展的中国佛教进入了巅峰阶段，印度佛教融入本土文化，被彻底同化为中国佛教；外来佛教为适应新环境被迫采取一种应变而"入乡随俗，移花接木"。

随着隋唐一统，南、北佛教也由分到合，修行与理论并重；在高度统一中，又有分宗立派。佛教势力集中于寺院，独立性是隋唐宗派佛教最显著的特色。

隋唐时期中国佛教的地位仅次于印度，是亚洲的中心，国际范围的主要高僧以中国人居多；佛教成为中国出产，思想已经中国化。外国人求法大多选择来华，而不一定去印度。西域的许多佛经是从唐朝翻译过去的；藏传佛教也受到内地的很大影响；朝鲜照搬中国天台、华严、法相诸宗和禅宗；日本各宗源头皆出自中国佛教。

包括一些偏远区域在内的唐朝辖地，都被佛教浸染。佛教分布的各种地理要素表现并不一致。城市和名山经常是高僧驻锡地和佛寺的分布重点区，诸如长安、洛阳、终南山、五台山、天台山等。"天下名山僧占多，佛教为法本在出世，静修参悟，最宜山林，故山地丘陵每为高僧驻锡之所；而且常具山水之奇，能吸引游人，弘法亦便；又因远于政治影响，法事活动多能历久不衰。故与佛法有缘之山就成为重要的佛教胜地和佛教传播扩散的基地"①。"安史之乱"之后，社会动荡导致北方佛教发达区域的萎缩，佛教重心逐渐偏向南方，这种状况一直延续下来，未有大

---

① 李映辉.唐代佛教地理研究［M］.长沙：湖南大学出版社，2004：291.

的变化。

　　唐代以后，佛教要素的表现在空间格局方面基本上稳定，佛寺的地理分布以长江三角洲、浙东、福建一带占据佛教发展的重心地位。明代以后，佛教四大名山、八小名山等佛教文化片区的发展日趋繁盛，但除了形成几个特别兴旺的热点地区之外，对整体上的佛教景观地理分布格局并无影响。

第三章 中国古代寺院建筑的时空演变

第一节 初期传播路线和地区的寺院

一、印度寺庙的传播和影响

释迦牟尼创立佛教之后，在流传的过程中，宗教组织和寺院等形制逐渐完备。佛陀率领僧侣出家，居无定所，行游于山林聚落，接受信徒的布施供养。印度漫长的雨季，使得僧人们难以露宿树林或石窟。佛陀接受频婆娑罗王布施的王舍城郊外竹林，作为僧人的驻地；后来陆续接受舍卫城祇园等布施，兴建房舍，称作"僧伽蓝"，亦有伽蓝、寺院、精舍等称谓。祇园的土地所有者祇陀太子与须达多长者合建祇园精舍，布施给佛陀。祇园精舍的规模与僧徒弘法的盛况，成为中国营建佛寺和佛事活动的范本。僧侣团体长期在僧伽蓝共同生活、研习等活动逐渐形成了修道院的组织形态，修道院即为寺院或精舍，包括僧房与会堂两个基本要素。

佛灭后，遗体火化形成的舍利被信徒带到各地建塔供奉。塔原本是坟墓的形式，因供奉佛舍利而神圣化，塔与寺院被结合在一起建造，形成以塔为中心、僧房环绕的寺院定式。佛像的历史始于公元1世纪，寺院中随即出现了佛殿等设置供奉佛像。

印度阿育王时期，印度境内大兴建设佛塔、伽蓝，同时向其他国家派遣高僧传播佛教，伽蓝的形制也随之遍及西域、锡兰多地。古西域地区发现的大约公元1—2世纪的伽蓝遗迹，沿袭印度制式，以高大的佛塔为核心，塔后设佛堂，周围则是僧房。

二、初传时期的寺院建筑

从两汉之间开始，佛教通过西域陆路、经南海走海路传播到中国内地。除此之外，也有经云南入四川传播线路存在的可能。其中丝绸之路沿线是佛教传播的最主要途径。两汉之交，佛教传入洛阳、长安，但未引发专门的佛寺兴建，直至东汉明帝时期，佛寺作为一种专门的建筑类型才逐渐形成。此间建造的洛阳城西雍门外的白马寺，被认为是中国内地的第一座佛寺。北魏杨衒之的《洛阳伽蓝记》卷四记载："白马寺，汉明帝所立也，教入中国之始寺，在西阳门外三里御道南。帝梦金神，长丈六，项背日月光明，胡神号曰佛。遣使向西域求之，乃得金像焉。时以白马负经而来，因以为名。"北魏郦道元的《水经注》、北齐魏收的《魏书》等也有洛阳城西门外建白马寺的记述。除了明帝求法建寺之说，还有同期在洛阳、彭城、姑臧、临淄等地建古阿育王寺的说法。不过此时佛寺的形态，很少见诸史料。到东汉末年，出现洛阳、彭城地区佛寺比较明确的记载，如洛阳菩萨寺、徐州笮融所建浮图祠等，有建筑基本形态的描述。

三、寺院建筑分布与寺院文化

1. 寺院建筑分布与交通的关系

北魏杨衒之的《洛阳伽蓝记》记载西晋永嘉年间（公元307—312年）洛阳有寺42所。唐法琳的《辩正论》卷三对西晋的寺院描述："西晋二京，合寺一百八十所，译经一十三人，七十三部，僧尼三千七百余人。"

这一时期，寺院建筑的主要地理分布在洛阳、彭城、下邳、许昌、建业、仓垣、长安、天水、敦煌等较大城市或交通干线周边，其中以洛阳数量为最多。

洛阳处于中国的关键地理位置，"居天下之中，东制江淮，西通秦陇，南控襄樊，北接赵魏，恰系一海内交通辐辏之焦点，又是后汉、曹魏、西晋的首都。西域的使节、商旅，以及僧侣也以洛阳为他们东来从事各种活动之目的地。"[①]

西域是佛教较早传播的地区，东汉末，西域人已被允许在洛阳建立佛寺。曹魏与西域的交通频繁，焉耆、于阗、鄯善、龟兹都曾向曹魏入贡。魏朝和贵霜建立官方往来，打开了印度僧侣来华的便利通路，译经和寺院活动与日俱增。

首都洛阳为全国交通中心，产生了第一座佛寺，还衍生出第一座尼寺——竹林寺。东晋以前的寺院绝大部分建在城市以内，只有洛阳等都城周边才有零星的山林寺院。山寺虽有讲堂、僧房等设置，但很多物资供给还要依靠城区，不能真正独立，都城寺院仍占据主流。

长安是西汉的首都、丝绸之路的发端、与西域间的交通重镇。东汉绝大部分时

① 颜尚文. 后汉三国西晋时代佛教寺院之分布 [J]. 师大历史学报，1985（13）：1-44.

段的政治中心是洛阳，长安在人口和经济上的繁荣程度远逊于洛阳，东汉、三国期间几乎没有兴建佛寺，直到西晋，长安才有四座佛寺的记载，寺院有一定规模。长安、洛阳长期为古代两个中心，首都交替设于两座城市，且所处关键的地理位置，为交通辐辏之地。外来佛教的初传需乘交通之便，借中心城市的包融和接纳，首先在城中建立寺院，且扩展规模和数量远超他地。

东汉初，楚王刘英在彭城所建浮图祠，是见诸记载的早期寺院之一，也是佛寺建造史上的重大事件。项羽曾定都彭城，汉晋时代，彭城为楚国或徐州治所，是当时的重要城市。笃信佛教的地方豪强笮融在彭城东的下邳营造了规模庞大的浮图祠。至西晋，仓垣、襄乡、彭城、下邳等北方城市普遍建有寺院，包括洛阳、长安、彭城、许昌等都城，都地处北方黄河流域附近。可见，早期佛寺在北方黄河流域主要城市的盛行早于南方长江流域。

东汉时期佛教遗迹分布显示，佛寺较多的地区多在冀州、徐州、司隶东部、荆州北部以及益州一部，这些位于洛阳周边且农业相对发达的地区，交通比较便利，较早接受佛教传播，发展佛教有经济基础。

东汉末的战乱，使关中地区社会经济严重退化，三国时魏、蜀地区的佛教遗迹很少出现，而孙吴地区此时政治相对稳定，北方人南迁以避战乱，促进了江南开发，寺院建筑的建设具备了经济条件。扬州吴郡一带为江南富庶地区，也是笃信佛教的士族聚居地，使吴郡成为三国时期寺院建筑的兴盛之地。

三国孙吴定都建业，东晋和南朝皆以此为都。江城建业位于太湖流域水陆交通网的中心，通过淮水等多路水道，经丹徒、江都而与邗沟、鸿沟水系连接，可达黄河。建业在政治、军事、商业、交通及农业等方面的优越条件，超过江南其他城市。吴主在建业为西域来华僧人康僧会建造的建初寺，为江南第一座佛寺。吴国另一文化中心吴县，位于运河古道的中间位置，沟通淮南、建业及浙江流域的多个城市，西晋末年建有东云寺、通玄寺。两座城市佛寺的兴建与其交通优势有密切关联。

在北方，天水、敦煌等中西交通必经城市，在西晋末年相继有佛寺出现。佛寺分布与交通线路关系密切，主要的佛寺分布区域，均位于丝绸之路以及黄河、鸿沟与邗沟等古水道上，且多为国都级别的重要城市，或交通节点上的要地。

佛教的分布扩散，东汉时期以洛阳为核心，发展到彭城、下邳、许昌等邻近城市，至三国，沿水路交通到达建业。西晋时，再以洛阳为中心向西发展到长安、天水、敦煌，以及向南邻至仓垣等地。江南以建业为中心，扩展至吴县等城市。

2. 寺院建筑的发展演变

在东汉佛教传入之初，佛寺脱胎于其他功能的建筑，未形成自身的定式。楚王刘英所建彭城浮图祠，依托的还是与黄老之术对应的建筑模式，祀佛陀如同祀黄老。直到桓帝延熹九年（公元166年）时，有记载的宫廷中的浮图祠，佛陀仍与黄老合祀，未出现独立的寺院建筑。宫廷道场在东晋以后也有流行，为早期寺院类型之一。经过安世高、支谶等来华高僧在洛阳的译经弘法活动，佛教在内地的传播日盛，大大增加了寺院建筑的社会需求。笮融在下邳建浮图祠的时代大约在东汉末（约公元188—195年），佛寺内有读经、浴佛、法会、布施等活动的空间，可容纳上万信众，从总体规模和功能完善上，寺院建筑都进入了新的境地。

东汉时楚王刘英南下丹阳郡，笮融在广陵和彭城兴建浮图祠，也是佛教重心南移的一个原因；汉末自北向南的移民，也带动了中原文化向南扩散。此外，南海海上交通的优势日益显现，交趾、两广等地也有佛教传播。在建业出现了南下与北上佛教交汇融合的局面。南下僧人以月支人支谦为代表，北上则有康居国的康僧会。建业兴建江南第一座佛寺——建初寺，更是由于康僧会的存在。康僧会认为传法第一要务就是建立寺院，曾对吴主说"昔阿育王起塔乃八万四千，夫塔寺之兴，以表遗化也"[①]。

西晋时，寺院建筑在与各阶层的接触中获得了经济资助和社会景仰，从而不断扩展，分布区域由东汉洛阳、彭城、下邳、许昌到西晋时的洛阳、建业、仓垣、长安、天水、敦煌、吴县等地。佛寺扩大了社会影响，功能更多元，空间也更复杂多变。

西晋末，佛图澄从西域来到洛阳，也要在洛阳建立寺院，至后赵时期，已在所辖地区兴立佛寺八百多所，一段时期，僧侣成为推动佛寺发展的主力。帝王或权贵的支持，则为佛寺的大兴土木提供了各种条件。

3. 佛教活动对寺院的影响

楚王刘英所建浮图祠与桓帝皇宫内的浮图祠，尚处于佛、道信仰的混合状态。笮融下邳浮图祠，《三国志》记载为："可容三千余人，悉课读佛经，令界内及旁郡人有好佛者听受道，复其他役以招致之，由此远近前后至者五千余人户。每浴佛，

---

① （南朝梁）慧皎《高僧传》。

多设酒饭，布席于路，经数十里，民人来观及就食且万人，费以巨亿计。"^①可见这座浮图祠对彭城、广陵的社会和经济等有相当大的影响。

寺院建筑的各种功能中，作为译经、讲经场所，对佛教传播产生的社会影响最为广泛，重要的佛教翻译经典往往都是与其译经所在寺院关联在一起的，寺院也会保留译经的记录。

寺院建筑始于释迦牟尼时代，由僧侣僧院陆续加入佛塔、佛像，形成具备佛塔、佛堂、僧房等要素的寺院。这种寺院形制首先在中亚、西域地区落地，随着佛教传入中国内地，东汉时期，又出现在洛阳、彭城等地，有记载的是洛阳白马寺以及楚王刘英的浮图祠。

笮融的浮图祠以及北魏洛阳永宁寺是在中国合院式建筑组合中，融合印度伽蓝特征演化出僧房围合佛塔，形成一重或多重院落的格局。西晋以后，佛寺的称谓和建筑形制基本确立下来。用于佛教活动的浮图祠、塔、塔寺、寺、精舍、兰若、庙、道场等建筑群落，皆可称作寺院。

4. 寺院的地理分布

东汉三国时期，官府一度只为西来僧人立寺，限制佛教在汉人中传播，这也成为早期汉地佛寺发展的特点。据统计，"东汉寺有62所，分别散置在12刺史部所辖36郡的52个属县。三国时期，吴寺有54所，蜀、魏各有2所，计58所，分别散布在13郡的29个属县。""百余所佛寺散置在46郡80余县，显示早期佛寺分布的星散式特点，还是符合汉魏只为外僧置寺的情况的。"^②

三国、西晋期间，佛寺分布范围逐渐扩展，位于中原的洛阳除了白马寺，还兴建了东牛寺、菩萨寺、满水寺、大市寺、竹林寺和几座未记名佛寺。其周边城市许昌、仓垣、长安等地也都有佛寺建造。东部的彭城、下邳，连同建业、吴县等地也都出现了寺院建筑。东部地区的数量明显少于中原，仅洛阳就占据了可知佛寺的半数。中原各地佛寺的寺名大多可考，如仓垣水南寺、水北寺，长安白马寺、西寺等。而东部除了吴县的东云寺、通玄寺，建业的建初寺外，下邳的佛寺尚未有名称。除此之外，河西的丝路重镇天水、敦煌靠近西域，且交通便利，经济条件优越，均有

---

① 陈寿《三国志·刘繇传》卷49。
② 张弓. 汉唐佛寺文化史［M］. 北京：中国社会科学出版社，1997：20.

佛寺分布。

东晋政权所辖扬、荆、江、广、交、豫、徐、宁八州之中，除交州外，七个州都有佛寺的记载；80多个郡中，31郡和79县有佛寺记载，其中22郡的治所有佛寺。扬州佛寺分布最密集，13郡中除淮南郡，12郡都有寺院。11县拥有3个以上佛寺，包括：建康、丹徒、皖县、吴县、嘉兴、钱唐、余杭、山阴、剡县、西陵、章安。江州佛寺密度仅次于扬州，12郡中7郡有寺。拥有3个以上佛寺的县有4个：南昌、溢城、武昌、葛阳。荆州所辖22郡中9郡有寺。

东晋拥有3个以上佛寺的县级区域共19个，这些佛寺集中的区域多位于沿东海或长江走向。沿东海有：吴县、嘉兴、余杭、钱唐、西陵、山阴、剡县、章安。沿长江有：江安、巴陵、武昌、溢城、皖县、建康、丹徒、广陵。其余为长江流域的湘、赣、余水系毗邻地区：衡山、南昌、葛阳。

东晋同期的北方十六国地区被方志记载的佛寺仅有19座，分布在10个州的13个郡。与南方相比，北方地区不大注重修编方志，关于佛寺的记录更少，只能反映出北方出现了寺院建筑的地域广度。这一时期的民族迁徙、融合给佛教更广泛传播带来机遇，汉传佛教具有成熟的组织化、制度化和深厚文化内涵的特点，宣扬"众生平等""普遍救济"，受到民众的欢迎。随着各民族迁徙、流动和杂处，佛教得以在更大范围传播。同时，一些北方游牧民族的执政者信奉和提倡佛教，更推动了佛教的弘传扩散。东晋十六国是佛教传入以后在中国扎根并实现"中国化"的关键时段。

第二节　南北朝时期寺院建筑的分布

一、南朝寺院建筑的分布区域

佛教传入中国直到西晋时期，基本都在交通发达的地区流布，并且局限于社会的上层。永嘉之乱以后，这种情况被迅速改变，各地域、各阶层纷纷传播佛教。至南北朝，佛教在中国几乎成为全民性的宗教，成为中国人精神世界的重要组成部分。

南朝的佛教活动区大都分布于江东、荆州、成都等长江流域，江东更是最集中地区。建康是南方的佛教中心。根据南朝梁僧人慧皎所写《高僧传》汇记的高僧数据，刘宋时期，经常有一个法师拥有上千弟子的情况，所载建康高僧49人，可见建康僧尼数过万的概率极高。至梁代，僧尼数量更为可观，极端的例子是，一个高僧的弟子数量竟达四五万人。南朝梁武帝曾是历史上最热衷于佛教并佛化治国的皇帝，他讲经的听众包括了自皇族、王侯、重臣、僧侣、国使等各界人士，人数最多时达三十多万。这种信仰狂热下的盛况是很难想象的，更无法对当时能够容纳几十万人场所的空间形态进行推测。

梁朝官员给梁武帝的公文中描述，在建康，富丽堂皇的佛寺就有五百多所，僧尼十余万，且占据了丰厚的资产。这也印证了"南朝四百八十寺"的诗句并没有夸张。"侯景之乱"中被焚毁的佛寺有七百多所。即使到了陈朝，建康的大型寺院仍留有三百余所。南北朝时期，建康周边连同长江入海地带的佛教活动都很活跃。

而位于长江中游的江陵，一直是古时最重要的交通枢纽和战略重镇，佛教在此地的传播十分繁盛，有荆楚之民接受佛教教化者达半数的记载。梁以后，陈朝控制长江下游；而江陵地区，仍在萧氏后梁政权的控制之下。后梁延续着梁朝的文化态度，使佛教在江陵地区保持了先前的发展势头。

长江上游的成都同样处于交通和军事要地，佛教很早就传入这个地区，南朝刘宋时期西域僧侣畺良耶舍到此译经时，佛教在这里已经有深厚的民众基础。

江西的九江也是佛教兴旺之地，东晋高僧慧远在庐山结庐讲法，弘扬净土宗，带动了本地域的佛教传播。

二、北朝寺院建筑的分布区域

在北朝，随着皇权更迭交替，执政者对佛教的政策支持不时发生改变。总体上，佛寺和僧侣信众的数量是增长的趋势，按《魏书·释老志》的记述，从太和元年（公元477年）的6748座寺院、77258僧尼，增至正光年间（公元520—525年）的3万寺院、200万僧众，数量远超南方。

南北朝初期，位于河西走廊的凉州就有十分繁荣的佛教文化。北魏占据凉州以后，将大批凉州僧侣迁至魏都平城，平城因而成为北方佛教中心，新旧寺院近100所、僧尼2000余人。其西北的武周山，仅东端的寺院就常住1000僧人。

魏孝文帝迁都洛阳，佛教中心南移，《洛阳伽蓝记》记载的洛阳寺院为1367所。其中，永明寺居百国沙门3000余人；永宁寺供养700梵僧。至北魏末年，洛阳的寺院数量有增无减，在政治变故中罹难的官僚纷纷舍宅为寺，成为当时的一道社会景观。

在北方的齐与周对垒时期，占据关中的西魏、北周文化比较落后，而处于东部地区的东魏、北齐政权以京都邺城为中心，文化繁荣，佛教更为发达，极盛时邺城拥有 4000 座大型寺院、80000 僧侣。

三、南、北方寺院建筑的分布特点

"北方佛教的发展在空间上相对较均衡，任一时期，只有京城的佛教发展特别显眼、留下的资料特别丰富，唯其如此，北朝的佛教文化中心处在不断的迁移当中。而南朝大异其趣，从上文的论述中可知，南方的佛教发展在地域上呈现出一个有序的级差，最发达的地方、比较发达的地方、较落后的地方判然有别，而且这一地域格局一直很稳定。"[①]

南方寺院相对集中于淮南江表及江汉沅湘一带，北方河淮之间、河东河北及关陇河西分布相对均匀。南北方的寺院密集中心的分布方式不同，南方的中心较多，最大的中心在丹阳，其次在南郡、会稽、蜀郡、吴郡、南海、襄阳、吴兴和浔阳。北方寺院最多者为河南，次之在魏郡、京兆、雁门、代郡和彭城。数量在 10 座以上的郡，南方有 7 个，北方只有 4 个。

南方密集中心相距较近，形成连片地带，丹阳、吴郡、吴兴、会稽四郡佛寺数量之和近 300 座，超过南方总数之半；此外，在长江中游的南郡和襄阳还形成第二个密集地带。这样的密集地带在北方并没有出现。南方的密集中心、密集地带多是同时存在的，而北方那些孤立的密集中心却不停地转移，在时间上互补。

南北朝寺院分布区域，一类是附着于城市，另一类则是选择山地。长江中下游的江陵、建康，长江上游的成都，岭南番禺，长江末端的吴县，北方的洛阳，河北邺城，关中长安等城市均为佛寺集中分布区，城市级别越高，集中度也随之加大。

山地的清幽奇景契合了佛教的自然观和山水机缘，吸引了很多潜心修行的僧侣到此选择寺院的基址。而大部分山地寺院，兼顾城市便利，在城市周边山中选址。其中，建康钟山、摄山，江陵上明山、覆船山，番禺灵鹫山、云峰山，吴县虎丘山，

---

① 张伟然，顾晶霞 . 中国佛寺探秘 [M] . 长春：长春出版社，2007：130.

长沙岳麓山，襄阳砚山，洛阳北邙山，大同武周山等地也因此保留下了长久的佛教文化的传统。

那些远离城市的佛教山寺，更是选择风景秀丽的山岳作为基址，其中很多名山成为延续至今的佛教文化景观，如五台山、恒山、麦积山、泰山、嵩山、青城山、衡山、庐山、天台山、天柱山等。

第三节　兴盛时期的寺院建筑地理分布

隋至唐代，中国佛教发展进入盛期。汉晋是佛教对于中国内地的初传时期，经过南北朝时期对佛教消化研究的展开，隋代开始，中国佛教迎来了与本土文化融合并且分宗立派的繁盛局面，也为后世开启了把佛教纳入中国文化有机组成的时代。

发展到唐代的佛教，没有了南北朝时期间或出现的宗教狂热氛围，一以贯之的是理性的态度。在帝王的层面，没有再出现梁武帝式的对佛教狂热鼓噪的推崇者；即便抑制佛教，唐代后期出现了"会昌毁佛"这样的事件，采取的策略也比较理性，没有发生北魏、北周皇帝对佛教极端仇视导致的灭佛过程中出现的杀僧、焚经、毁像的极端事件。唐武宗发动灭佛运动的规模很大，但事先经过了周密计划，整个过程中未发生流血、暴乱等恶性冲突，在基本平稳、有序的过程中严格控制佛寺、僧尼数量。

《旧唐书·职官二》所载的"凡天下寺有定数，每寺立三纲，以行业高者充，诸州寺总五千三百五十八所"，应该是朝廷批准设立的寺院，数量上基本稳定。各地设佛寺须在政府预设的定数内申请到额度，才能列入官籍，无额度寺院不被认可，寺院的名称也由官方颁发。

在史家张弓的《汉唐佛寺文化史》一书中，通过地方志资料对5335所唐代佛寺进行了地理划分。其中，长江三角洲、淮扬、福建等东南地区有644所；河北137所，江西130所，河南128所，山西115所，关中地区110所，湖南、湖北107所；陇右、岭南、巴蜀等地区数量较少[①]。

地理学者李映辉通过查阅《大藏经》中唐代的佛教史传相关内容、金石文字、

---

① 张弓.汉唐佛寺文化史［M］.北京：中国社会科学出版社，1997：109-151.

《全唐文》《全唐诗》《资治通鉴》及《唐书》等，搜寻存在于唐代的寺院，并分时分地编排统计，得到的数据为：唐代前期的 834 所寺院，若以秦岭、淮河线为界，北方 470 所、南方 364 所；若以当时行政区划"道"为单元统计，数量最多的是南方的江南道，183 所，其他有北方的关内道 181 所、河南道 119 所、河东道 96 所、山南道 60 所、河北道 57 所、剑南道 56 所、淮南道 33 所、岭南道 32 所、陇右道 17 所[①]。

长安及周边地区寺院分布最密集，数量达 124 所，占同期全国总数的 15%。长安所属的京兆府共 162 所，占关内道的 90%，将近全国总数的五分之一；东都洛阳 29 所。除此以外，有 16 个府州有寺院 10 所以上，益州（治成都）30 所、润州（治今南京）28 所、襄州（治今襄阳）25 所、代州（治今代县）23 所、越州（治今绍兴）23 所、太原府 21 所、苏州 19 所、扬州 18 所、荆州 17 所、相州（治邺城）16 所、杭州 12 所、蒲州（治今永济西）12 所、幽州（治今北京）10 所。其中 7 个府州在北方，9 个在南方。

这中间还有 3 个寺院密集分布地带：跨越范围最大的一个密集带在长江三角洲，北起扬州，南至台州，包括扬、润、常、苏、湖、杭、越、明、婺、台十州，共 140 所寺院，占当时全国总数的 17%；第二个密集带是在汉水中下游的荆、襄两州，共 42 所寺院；第三个密集带是位于太原盆地的汾州和太原府，共 29 所寺院。

佛教名山中分布的寺院数量为：终南山 21 所、五台山 17 所、南岳衡山 16 所、嵩山 6 所。

唐代后期的寺院总数为 664 所，北方 299 所、南方 365 所。南北方对比，较唐代前期发生逆转。说明安史之乱对北方的破坏更严重，南方佛教的发展超越了北方，这一形势从此没再改变。

按行政区道的层面进行寺院数量排序，依次是：江南道 247 所、关内道 112 所、河东道 74 所、河南道 62 所、河北道 41 所、剑南道 37 所、淮南道 36 所、山南道 33 所、岭南道 12 所、陇右道 10 所。与唐前期相比，这个排序的中间有所变化，首尾相对稳定。

长安所在京兆府有 79 所寺院，比唐前期减少一多半。苏州 31 所，洛阳所在的河南府 28 所。寺院数在 10 所以上的为越州 28 所、衡州 25 所、杭州 20 所、润州 20 所、扬州 20 所、代州 19 所、成都府 19 所、太原府 16 所、荆州 13 所、常州 13 所、洪州 12 所、潭州（治今长沙）10 所、明州 10 所、幽州 10 所、镇州（治今正定）10 所。

① 李映辉.唐代佛教寺院的地理分布［M］.湘潭师范学院学报，1998（4）：65-69.

与唐前期相比，北方寺院密集地带大幅减少，而南方则有明显增加。南方长江三角洲一带，寺院数增长幅度很大，更为突出的是苏、杭二州，连同其周边地区密集带，佛寺数量都有相当大的提升。在南北方总体寺院数量有所减少的情况下，长江三角洲密集地带的密集程度反而有所提高，达到 169 所，占南北方总体数量的四分之一。此外，长江水系的湘江中下游和赣江中下游寺院密集程度也比较高。

这个时期北方的密集地带已经基本消失，佛教名山当中，唐前期十分繁荣的终南山寺院数由 21 所锐减至 7 所，而南岳衡山增加至 23 所，在当时最为瞩目。

唐武宗会昌五年（公元 845 年）的"会昌法难"事件中，拆除佛寺 4600 所、兰若 40000 处，勒令还俗僧尼 26 万多人。黄河以北为藩镇割据地区，佛寺并没有受皇权灭佛政策的影响。此外，灭佛进行一年，唐武宗去世，继位者下令恢复寺院，所以此次法难基本上没有改变唐代佛寺的地理分布。

唐代以后，佛教发展的空间格局再未发生重大变化，寺院建筑的地理分布基本上稳定下来。长江三角洲、浙东、福建一带持续位于佛教发展的重心。明代以后，佛教四大名山及鸡足山都有极大发展，形成几处兴旺的热点。

第四节　唐代及唐以前开凿的石窟寺

石窟寺是开凿于河畔山崖的佛寺，起源于公元前 3 世纪的印度。中国的石窟开凿始于大约 3 世纪，盛于 5 世纪至 8 世纪，最晚的至 16 世纪。石窟寺作为僧侣聚居和布道的场所，也是佛教文化景观中特殊的建筑类型，在佛寺建造史上占据极为重要的地位。石窟寺在中国历史上曾经出现过繁荣期，其分布、变迁可以反映佛教文化传播的地理关系和区域差异。

"中国的石窟可分七类：一、窟内立中心塔柱的塔庙窟；二、无中心塔柱的佛殿窟；三、主要为僧人生活起居和禅行的僧房窟；四、塔庙窟和佛殿窟中雕塑大型佛像的大像窟；五、佛殿窟内设坛置像的佛坛窟；六、僧房窟中专为禅行的小型禅窟（罗汉窟）；七、小型禅窟成组的禅窟群。根据洞窟形制和主要造像的差异可分为新疆地区、中原北方地区、南方地区和西藏地区四大地区。"[①]

---

① 宿白.中国石窟寺研究［J］.北京：生活·读书·新知三联书店，2019：2.

新疆地区包括古代疏勒、龟兹、焉耆和高昌等分区；中原北方地区包括河西、甘宁黄河以东、陕西、晋豫及其以东等分区；南方地区包括苏北、长江下游、川北、川中、杭州、云南大理剑川、泉州等分区。

石窟寺的开凿持续时间漫长，一些石窟始凿于南北朝或更早，以后历代进行增修加建。唐代石窟寺也大多延续在唐以前开始开凿的石窟，其中以十六国及北魏时期为主。

一、新疆地区唐以前石窟寺的分布

新疆地区现存石窟寺主要分布于喀什以东塔里木盆地北侧交通线上，较为密集的片区包括：库车、拜城一带的古龟兹区，焉耆回族自治县七格星一带的古焉耆区，以及吐鲁番附近的古高昌区。

唐代以前的寺院建筑分布较为密集的地区，还有昆仑山北麓，塔里木盆地南古丝绸之路南线的和田、若羌。而这些地区当时盛行大乘佛法，更趋向建造塔院佛寺，且缺乏适合开凿石窟的崖壁，因而没有出现石窟寺的形式。

此外，唐以前的石窟均在南疆和东疆，北疆没有出现唐代以前开凿的石窟。现存新疆石窟，多位于河岸边的崖壁，有良好的对景和生态环境。新疆地区石窟寺分布见表3-1。

表3-1 新疆地区石窟寺分布 [①]

片区	行政区	石窟寺名称	大致开凿年代
古龟兹区	拜城	克孜尔千佛洞	东汉末（2世纪末3世纪初）至唐
		台台尔石窟	魏晋至隋唐
	新和	托呼拉克埃艮千佛洞	龟兹石窟的早期阶段
	库车	森木塞姆千佛洞	东汉末、北朝、唐、五代、宋初
		马扎伯哈千佛洞	隋、唐
		克孜尔尕哈石窟	4世纪末至6世纪之前，唐
		库木吐喇千佛洞	5—7世纪，8—9世纪，10—11世纪
		阿艾石窟	8世纪

① 张伟然，顾晶霞. 中国佛寺探秘［M］. 长春：长春出版社，2007：152.

片区	行政区	石窟寺名称	大致开凿年代
古焉耆区	焉耆	锡克沁千佛洞	5世纪左右
古高昌区	吐鲁番	柏孜克里克石窟	南北朝末—回鹘高昌末期
		雅尔湖千佛洞	吐峪沟早期（晋设高昌时代）—五代宋初（回鹘高昌时代）
		胜金口千佛洞	回鹘高昌早、中期
		奇康石窟	6—10世纪
	鄯善	吐峪沟千佛洞	晋设高昌前，大多为回鹘高昌开凿

二、中原、北方地区唐以前石窟寺的分布

中原、北方地区是新疆以东、淮河流域以北、长城内外地带，是石窟遗迹的主要分布区域，包括河西区、甘宁黄河以东区、陕西区和晋豫及其以东区。

河西是指兰州以西河西走廊一带，为石窟开凿较早且分布密集地区。这里得中西交通的便利，是西域以东最早接触佛教的地区之一，石窟寺这种建筑形式也最先传入该地。河西地区的农牧业都比较发达，兼有经济和文化的繁荣，凉州还是当时西部地区的文化中心，使得这里具备了佛教石窟艺术发展的经济、文化基础。河西地区的几任统治者对佛教都十分推崇，也奠定了营建石窟寺有力的政治基础。

1. 河西区

现存唐代以前开始开凿的石窟遗迹包括：敦煌莫高窟、敦煌西千佛洞、安西榆林窟、玉门昌马石窟、文殊山石窟、张掖祁连山石窟群、天梯山石窟。

敦煌为丝绸之路东部重镇，丝绸之路南北两线在敦煌汇合，特殊的地理位置是其成为一个佛教中心至关重要的原因。汉晋十六国以来，中原士族相继避乱至此，带来了中原文化，使来自中、西两地的文化得以交汇融合。莫高窟现存洞窟492个，为十六国、北魏、西魏、北周、隋、唐、五代、宋、西夏、元代开凿。现存最早的洞窟大致开凿于北凉占据敦煌时期。

敦煌西南约30公里的千佛洞现存洞窟16个，为北魏至唐代开凿。

榆林窟位于安西县城南约70公里的榆林河东西两岸，现存洞窟41个，始建于北魏，五代、宋初都有所开凿。

昌马石窟距玉门市东南约 60 公里，由十六国时期的五凉时代开创，北魏、隋、唐、宋、元、明各代都有添加修缮。

文殊山石窟位于酒泉城南约 15 公里，为北魏至唐代的遗存。

张掖祁连山石窟群位于张掖市南约 60 公里，包括马蹄北寺、南寺，金塔寺，上、中、下观音洞，千佛洞等 7 个石窟。

天梯山石窟位于武威市南 45 公里，开创于北凉时期，现存 13 个洞窟，为北魏至元代所开凿。北凉沮渠蒙逊笃信佛教，其主持开凿的凉州南山石窟，多数观点认为即是天梯山石窟，也有人认为是马蹄寺、金塔寺或文殊山千佛洞。

2. 甘宁黄河以东区

现有炳灵寺石窟、麦积山石窟、须弥山石窟、平定川石窟、泾川南北石窟寺等，为北朝开凿较早的石窟密集区。

炳灵寺石窟位于甘肃永靖县西南约 40 公里小积石山，现有较完整窟、龛 195 个，为十六国至明代所开凿。十六国时期，这里是西域交通所经之地，法显西行求法曾路过此处。

麦积山石窟位于甘肃天水市东南 45 公里处，开凿年代大约不早于 5 世纪，北魏、西魏、北周、隋等朝代陆续添建，现存造像多为唐以前的雕刻，其中北魏晚期石窟占多数。天水古为秦州，东接关陇、南达巴蜀、西通河西，为重要交通枢纽。麦积山石窟的开凿得益于交通之利。

须弥山石窟在宁夏固原市西北约 45 公里处，位于贺兰山支脉须弥山东麓，始建于北魏，历经北周、隋、唐各代。固原居于长安至张掖丝路南北两线的北道之上，为河西与内地之间佛教交流的文化重镇。

南北石窟寺位于甘肃省庆阳市，北石窟寺位于庆阳下辖西峰市西北 20 公里寺沟附近，始凿于北魏，西魏、北周、隋、唐、宋各代有续建。南石窟寺位于泾川县东北王家山。庆阳在秦汉时期就是交通要冲，也是边防重镇。

合水平定川石窟位于甘肃合水县境内葫芦河支流平定川，距东华池约 10 公里。

3. 陕西区

现有彬县大佛寺石窟、东山药王洞石窟、石拱寺石窟、牛家庄石窟等遗存。

彬县大佛寺石窟位于彬县城西北约 10 公里，开创的时间约为隋代。

东山药王洞石窟位于耀县城东药王山北山上，共 7 个洞窟，其中 2 号窟菩萨为隋代遗构。

石拱寺石窟位于华亭县上关乡，始凿于北魏时。

牛家庄石窟位于宜君县城东 10 公里处，开凿于西魏时。

4.晋豫及其以东区

囊括平城、洛阳、邺城等古代都城，石窟遗迹多，且初创年代早。

大同周边石窟包括云冈石窟、鲁班窑石窟、吴官屯石窟、焦山寺石窟、鹿野苑石窟等。

云冈石窟位于大同市西 16 公里武周山南麓、武周川北岸，依山开凿，东西长 1公里，如果将西面的武周川北岸吴官屯石窟、武周川对岸的焦山寺石窟连在一起计算，长达 15 公里，为中国最大的石窟群，也是内地由皇室主持营建的第一座大型石窟。现存主要洞窟 45 处，佛龛 1100 多个，造像 51000 多座；大的洞窟多开凿于北魏时期。云冈石窟邻近北魏都城，处于平城与旧都盛乐的交通必经地。北魏君主笃信佛教，北魏的征伐战争招致各地僧侣纷纷迁来首都；灭北凉时，掠其高僧、工匠至平城，以后成为开凿石窟的主力。云冈石窟的开凿是在北魏太武帝灭佛事件之后，佛教徒极希望雕造大佛来抵御毁灭。

鲁班窑石窟在云冈西北约 2.5 公里处，于北魏迁都洛阳之际开凿。

吴官屯石窟在鲁班窑石窟西北，相距约 5 公里，开凿时间为北魏晚期。

焦山寺石窟居云冈西 15 公里处武周川畔，始于北魏晚期。

鹿野苑石窟位于大同城北 5 公里的大沙沟中，北魏时开凿。

太原附近石窟包括天龙山石窟、明仙村石窟。太原曾是东魏和北齐的陪都，周边留有多处石窟遗迹。天龙山石窟位于太原市西 40 公里的天龙山，创建于东魏末年，北齐、隋、唐延续开凿。明仙村石窟位于晋祠西北龙山沟内约 6 公里处，开凿于北齐时期。

羊头山石窟位于高平市城东北 18 公里处，始造于北魏时期。

吕梁千佛洞地处乡宁县城东 5 公里处的吕梁山南端，年代为隋朝。

洛阳周边石窟包括龙门石窟、巩县石窟、鸿庆寺石窟、西沃石窟、温塘石窟、水泉石窟、万佛山石窟等。

龙门石窟位于洛阳市南 13 公里伊水两岸的东、西山体上，南北长约 1 公里。始建于北魏迁都洛阳（公元 494 年）时期，历经东魏、西魏、北齐、隋、唐、北宋各代延续建设，共有大小洞窟 2100 多个、造像 10 万尊、佛塔 40 余座；现存北魏遗构约占 1/3。龙门的山川地貌、地质条件适于开窟造像，且风景宜人，为教徒禅修的理想之地。洛阳是佛教最早传入的内地城市，长期处于佛教文化中心地位，很多僧尼云集于洛阳及周边地区，致力于开窟造像；平民信徒也倾其所有，布施功德。作为都城，洛阳数度繁荣的经济始终是石窟寺营建的基础条件。

巩县石窟原名希玄寺，位于巩县东北 7.5 公里洛水北岸大力山下，创建于北魏晚期。东魏、西魏、北齐、隋、唐代都有添建。现存 5 大洞窟、256 龛、7000 造像。

鸿庆寺石窟在义马市东 5 公里石佛村白鹿山，现存南北 6 个窟，北魏晚期开凿。

西沃石窟位于新安县北 40 公里黄河南岸的垂直峭壁，年代为北魏晚期。

温塘石窟在陕县西七里镇南温塘村南面的土丘下。

水泉石窟位于偃师市西南 30 公里水泉村南万安山断崖，北魏晚期开凿。

万佛山石窟在黄河北岸孟县城西北 20 公里的万佛山，北魏晚期开凿。

安阳周围地区石窟包括灵泉寺石窟、小南海石窟、前嘴村石窟、响堂山石窟，均位于北齐首都邺城附近。邺城曾先后为后赵、前燕、冉魏、东魏、北齐的都城，佛教长期兴旺繁盛。

灵泉寺石窟位于安阳市西南 25 公里宝山山麓。其中最大的石窟原名宝山寺，为道凭法师东魏时创建。另有一窟是隋代灵裕法师所创。

小南海石窟位于安阳市西南 25 公里处，临洹水，原有灵山寺，现仅存北齐 3 窟。

前嘴村石窟位于淇县城西北 18 公里处，开创时间为北齐。

响堂山石窟位于邯郸市西南峰峰矿区境内的鼓山山麓，包括北响堂山石窟、南响堂山石窟和水峪寺石窟，北响堂山 9 窟、南响堂山 7 窟、水峪寺 1 窟，是北齐代表性石窟群。北响堂山石窟开凿于北齐，隋、唐、宋、元、明各代有加建。南响堂山石窟分布于两层断崖，上层 2 窟、下层 5 窟，开凿于北齐，隋、唐有续建。水峪寺石窟俗称小响堂山石窟，东侧有水峪寺遗址。

河北省宣化的下花园石窟在宣化市东南 25 公里处，仅有 1 窟，开创时间为北魏前期。下花园是北魏前期帝王游乐之地，与平城有密切的交通联系。

济南周边石窟包括黄石崖石窟、龙洞石窟、佛慧山石窟、云门山与陀山石窟、白佛山石窟等。

黄石崖石窟位于济南城南千佛山后，始凿于北魏末期。

龙洞石窟位于济南东南18公里，为天然石窟雕凿，始于东魏。

佛慧山石窟位于济南千佛山东南，隋代开凿。

云门山与陀山石窟在益都城东南约4公里的王家庄附近，始创于隋代。北魏至唐济南为齐州治所，益都是东晋至唐青州治所。青、齐二州是汉代以后山东的政治、经济、文化的两个中心，亦为佛教发达之地。

白佛山石窟在山东东平县城西4公里焦村北，隋代开凿。

辽宁省义县万佛堂石窟位于义县城西北9公里，大凌河北岸的山坡上，北魏开凿。

山东省徐州云龙山石窟在徐州城南1公里，开凿于北魏。

三、南方地区唐以前石窟寺的分布

与北方地区相比，南方地区石窟寺数量稀少，摩崖龛像多于洞窟。石窟主要分布于长江下游江南区和长江上游的四川地区。

1. 江南区

包括栖霞山千佛岩石窟、新昌石窟等。

栖霞山千佛岩石窟位于江苏南京城东北约25公里栖霞山麓，栖霞山古名摄山。据分析，石窟开创于南朝萧齐时代，后代有添加。现存294大小窟龛、造像515尊，多为明代增补。

新昌石窟包括剡溪大像窟和剡溪千佛岩。剡溪大像窟位于浙江新昌县西南南明山大佛寺，始凿于南朝齐，历20年。为前设台阁殿堂的大像窟。剡溪千佛岩位于大佛寺西北，相传为南朝齐始建，内有小佛像1000余尊。剡溪与当时都城建康有水路相通，称为江东自然山水第一胜处，贵族、名士和高僧常慕名而来。

2. 四川地区

包括皇泽寺石窟、千佛崖石窟等。

皇泽寺石窟位于广元市城西1公里嘉陵江西岸，现存造像窟龛34处，开窟年代约南北朝晚期，隋、唐、宋延续雕凿。

千佛崖石窟位于广元市城北4公里嘉陵江东岸，现存石窟南北长约200米，共有 200 多个窟龛，主要为唐代雕凿。

四、唐以前石窟寺地理分布成因

中国的佛教石窟寺的分布，北方大大多于南方地区，究其原因，一是地理因素，源于印度的佛教石窟寺的传入先是到达西域地区，通过河西走廊到达内地，从北方起家的十六国、北朝诸国和隋政权都奉行佛法，为石窟寺的扩展打开方便之门；二是弘法方式上的差异，南北方的社会生态和文化环境不同，产生了佛教不同的发展走向。两晋南北朝时期，南方佛教偏重义理，与玄学互融，讲经论道，更趋向建造以塔为中心的佛塔寺院；禅僧多采取独行散修的方式，与石窟寺在功能上不匹配。北方佛教重修禅持戒等实践性宗教活动，禅僧多以群聚状态起居修行，选择悠远静谧的环境作为栖身之所则更为理想。另外，北方开凿石窟的行为与佛教末法思想有关；正法、象法、末法是佛法经历的三个时期，末法时期诸多不利因素的积累导致了对危机的预期，经历了"三武一宗"大规模灭佛事件，在佛教徒心中造成了挥之不去的阴影和忧患意识。末法思想在北方盛行，因为唐以前的国家重心在北方，北方游牧民族的杀伤力强大，因而发生社会动荡的剧烈程度远超过南方。北方政权的毁佛行动多发且比较极端，而南方相对温和。在山体上凿窟造像、镌刻石经增加了佛寺的永恒性，以此达到抵御毁灭的目的。

南方的佛教石窟仅存在长江下游的建康和川北的广元地区。建康曾为六朝都城，有很强的文化吸附和融合特质，总会吸收些别的地方的东西以丰富自己。开凿具有一定规模的石窟是耗费巨大的工程，往往离不开集权和豪富的支持，所以，依附都城或大城市营建石窟是非常现实的选择。

广元是关中入川的交通枢纽城市，也是南北交汇的重要节点，开凿石窟受到来自北方的影响。

五、唐代开始开凿的石窟

唐代以前开凿的石窟寺，很大一部分在以后朝代不断增加雕凿扩建；也有一部分在唐代未继续开辟新窟，有些石窟仅增添一些唐代的造像，并无开凿石窟的建设，因而唐代的佛教文化、营造技术和艺术风格对其影响不大。

在新疆地区没有唐代新开发的石窟寺。古龟兹、古高昌区与唐朝关系较密切，经济文化发展比较顺利；吐蕃、回鹘崇信佛教，延续以往的石窟开凿，有些石窟在唐代进入兴盛期；而古焉耆区则没有唐代续凿的洞窟。

在中原、北方地区中，河西区在唐代没有选择新地点开创石窟寺，基本是在唐以前开发的石窟基础上续凿新洞窟，以敦煌莫高窟为代表的部分石窟寺，是在唐代的大力扩充之下进入繁盛时代。甘宁黄河以东区始创于唐代的，仅有位于宁夏中宁县西北双龙山的石空寺石窟，以及甘肃合水县莲花寺石窟。位于陕西区麟游县城周边的慈善寺石窟和西郊石佛崖为唐代所创；富县城西65公里处的石泓寺石窟开创于盛唐时期。晋豫及其以东区太原周边，仅太原西南晋祠西北的龙泉寺石窟为初唐时兴建；洛阳周边则有沁阳城西北开凿于唐早期的玄谷山石窟，以及开凿于唐武后至玄宗年间的荥阳市大周山东麓的邢河石窟。安阳周边有唐代始凿的灵泉寺石窟和浚县千佛洞。河北隆尧县城西北9公里亦有一座始凿于唐初的宣雾山石窟。在济南周边，位于历城区柳埠镇的朗公谷石窟为唐早期新开凿；梁山县北昆山的马跑泉石窟造像也开凿于唐代。

南方地区唐代开创的石窟在川渝区域分布较多，其中包括：

巴中石窟，位于米仓古道交通线上，洞窟类型和造像风格接近于广元石窟，时代稍晚；大部分为唐早期开凿，后期延续到宋代。

通江县石窟，包括位于县城西2.5公里的千佛崖石窟，以唐早期造像为主；鲁班石石窟，多为唐开元、天宝年间开窟。

梓潼县千佛岩石窟，初唐至晚唐间开凿。

绵阳石窟，初唐至晚唐间开凿。

大足石窟，包括北山石窟、尖山子石窟、圣水崖石窟。北山石窟位于大足城西北2公里的北山之上，以佛湾为中心，分南、北两个部分，共290窟龛，唐晚期开凿。尖山子石窟位于大足西南20公里的宝山乡建角村，初唐始建。圣水崖石窟与尖山子石窟相去3公里，中唐开凿。

安岳石窟，位于四川安岳县，包括：千佛寨石窟，盛唐开凿；卧佛院石窟，开凿于唐开元年间；玄妙观石窟，开凿于唐开元至天宝年间；圆觉洞石窟，盛唐始建；净慧岩石窟，创建于唐乾元年间；毗卢洞石窟，盛唐开创；三堆寺石窟，唐晚期开凿。

川渝地区唐代开凿还包括资中石窟、合川龙多山石窟，以及散落在邛崃、成都、眉山、仁寿、丹棱、夹江、乐山等地的唐代石窟。川、渝地区的 50 个县、市有石窟群遗存，窟龛数 10 个以上的超过 120 处，其中唐代开凿的石窟占有相当比例。

云南剑川县西南 25 公里的沙登村，现存有与晚唐同时代开凿的石窟。

唐代佛教石窟寺开凿的主流是对前人所创的石窟的发展延续，历经千百年世代人一如既往的增添积累，造就了蔚为壮观的文化地景，宗教是贯穿始终的精神纽带。

在河西地区，唐代没有另择新址开凿的石窟寺，普遍是对前朝开凿的石窟群进行增建扩充。唐代通过河西走廊的对外交通线保持着以往的繁荣；统治河西的当权者依然崇奉佛教；地区经济基础向好，足以负担大规模石窟建设；以河西地区的地形地貌条件，不乏适宜开凿石窟的场地。

甘宁黄河以东地区和陕西地区初创截止于唐代的石窟群共有 10 处，甘宁黄河以东地区 6 处、陕西地区 4 处。这两个地区唐代石窟的发展超过了唐以前，在唐代又以唐前期较盛。这些石窟都分布在长安的外围，其所在的地方负有拱卫首都的责任，当地人易滋生宗教情绪。关中的平原地区未发现石窟遗迹，则是与其不适宜开窟的地质地貌条件有关。

晋豫及其以东地区唐代石窟的分布与唐以前基本一致，主要在洛阳、安阳、太原、大同、济南周边地区，石窟开凿有一定的延续性。各地石窟的兴衰受区域政治地位变化的影响，大同地区的石窟随大同都城地位的丧失而衰落，云冈石窟虽有零星的后续雕凿，附近其他几处却完全沉寂。安阳地区的石窟也因邺城而兴，唐代邺城失去政治地位，附近石窟随之失去繁荣。洛阳在唐两京时期为实际政治中心，龙门石窟随之进入盛期。太原在唐代的政治地位较高，曾是王朝的北都，天龙山石窟在唐代得以大力扩展。济南周围石窟所在齐、青二州是北朝、隋、唐各朝的重要地带，石窟分布数量不少，唐代以前开凿力度较大；唐安史之乱的动荡，使其石窟雕凿很难再振作。

南方地区的唐代石窟延续了唐以前的基本状况，大多分布于长江下游江南区和四川、重庆部分地区。唐代的江南区缺少了政治中心地位，亦未有新窟开凿，仅栖霞山千佛岩有后续建设。而川渝地区不仅旧有石窟有扩展，还开辟了多处新石窟。川渝石窟的状况完全不同于中原地区，几乎在整个唐代都有建造，盛唐以后更趋兴旺，居全国之首。川渝地区的唐代石窟分布很广，相对集中的片区是：包括广元、巴中、通江在内的川北地区；包括大足、潼南、安岳、资中、合川等县市在内的四川盆地中部地区；包括梓潼、绵阳、成都、眉山、仁寿、丹棱、夹江、乐山、邛崃等县市在内的四川盆地西部地带。川北地区占有关中入川的交通之便，广元、巴中均为交通重镇，通江为巴中近邻，因而这个区域的窟龛造像受中原影响较大，形制和风格基本属北方中原体系。四川盆地中部地区处于嘉陵江、沱江下游水系之间的丘陵地带，地质构造宜于摩崖雕凿；这个地区与成都、重庆之间相距较远，却没有关山阻隔，有坦途联络，又非兵家必争之要冲，社会环境安定，有开窟造像的经济基础；处于相对独立的环境，其石窟雕凿发展异于北方中原的地方风格。四川盆地西部环成都地区的交通、经济条件优越，政治地位较高。

位于四川盆地中部地区的大足，成为晚唐以后川渝石窟发展的重点区域。由于大足经济基础不错，大足川流域有良田沃土，农业发达，唐代的两次移治，使大足成为古昌州政治、经济、文化的中心。另外，唐末黄巢起义的影响波及昌州，大足地方武装参与唐王朝的军事行动有功，因此提升了大足的政治地位。大足北山在兴建永昌军寨时，开窟造像，祈求乱世消灾避祸，保障平安；官商阶层跟风效仿，使晚唐大足的造窟运动比同期其他地区更为活跃。

川渝石窟在唐代得到很大发展，南方的江南地区基本再无建树，南方大部分地区为石窟分布空白区。唐晚期中原北方石窟消沉，接续开凿部分也规模不大，反映出北方佛教势力的衰落，安史之乱、藩镇割据、黄巢起义造成社会动荡的后果也大大影响到包括开凿石窟在内的文化工程建设，加之会昌毁佛，对一切佛教活动都是沉重打击。

唐后期在中原地区，石窟寺这一宗教场所，其功能大都被院落式佛寺所取代。寺院崇拜超过石窟崇拜成为主流。建筑材料与技术的进步也起了很大作用，建造木结构佛殿比起以往更加便捷可靠。

新疆地区、河西走廊的石窟营造，在规模和分布上，唐代前后期变化不大。

唐后期石窟开凿的重点转至川渝地区，除了川渝地区在多数年代有安定的社会环境，经济繁荣，为石窟兴建提供了物力和财力的保障；再就是中原地区石窟的建造屡受不利因素制约，停止发展。唐皇室先后两次入川躲避战乱，裹挟了大批文人、画师、能工巧匠，为川渝石窟的发展提供了有力的技术支撑。

川渝地区以外的南方地区，虽无安史之乱破坏，经济逐渐发达，但在唐后期石窟建造仍被抑制，或许与南禅宗在南方的主导地位相关。"南宗主张自性即佛，它否定佛可以作为外在的崇拜偶像，于是由这种偶像崇拜而导致的开窟造像便失去了意义。"①

第五节　两宋时期寺院建筑的地理分布

一、两宋时期的寺院文化发展和寺院经济

隋唐以来的大多数历史时期，在国家权力层面提倡佛教，使其势力大肆扩张，造成资源分配失衡，威胁到社会、经济的正常秩序甚至是政权统治，致使五代北方中原政权后周灭佛事件的发生。周世宗针对当时寺院建筑增多、田产扩大、僧侣广收、国家税收骤减，农民纷纷离开土地进入佛门，这些对社会稳定、经济发展消极掣肘因素的无节制增长，颁布法令，对佛教势力进行严厉打击。后周统治范围内只保留寺院 2694 所，而废除寺院达 30336 所。废除寺院田亩免除赋税特权，大批僧尼还俗，国家财政税赋和劳动力数量得以恢复，坐食僧尼转事农桑，化消费人口为生产人口。

唐末、五代以后，随着政治、经济重心从东向西、从南向北偏移，曾经的佛教中心城市长安、洛阳、邺都逐渐沉寂，而五代吴越国都杭州、北宋东京汴梁、辽南京燕京，甚至两宋时的福州、明州等城市，渐渐成为汉地寺院建筑密集区域。与北方相比，五代时南方各国相安无事，社会稳定，王权崇佛护法，立足于南方的禅宗、净土宗和天台宗获得程度不同的发展。

两宋时期，尤其到了南宋，汉族政治中心迁移至江南地区，东南沿海发达的对外海上交通助推了佛教的对外交流，致使南宋成为自 12 世纪初至 13 世纪中 叶前后东亚佛教的中心。"其佛寺数量之多，类型之细，寺院内部建筑制度之完善，已经踏入了中国寺院建筑史上的一个新阶段。因而在中国汉地寺院建筑史上，也揭开了一个新的篇章。南宋佛教及其建筑，在中国寺院建筑史上，很可能起到了承上启下的作用。嗣后的中国汉地佛教，甚至中国的东邻朝鲜半岛及日本的佛教及其寺院，在很大程度上，也都可能是在接受了南宋佛教及其寺院制度的影响之下，又在自身

---

① 李映辉. 唐代佛教地理研究［J］：长沙：湖南大学出版社，2004（4）：140.

加以进一步发展的结果。"①

入宋以后，虽然对佛教有过一些限制措施，但扶植、利用仍然是国家层面对待佛教事务的主导方向，使五代后周受到压制的佛教势力得以恢复，寺院经济再度繁荣，实力更加雄厚。

僧侣和寺院数量庞大，据《宋会要·道释》记载，真宗天禧五年，全国僧397615人、尼61239人。《清波杂志》记载，南宋高宗时期，江南道士1万、僧20万。真宗年间，全国大小寺院近4万所。《东京梦华录》所载开封府相国寺凡八禅、二律、六十四院，"寺三门阁上并资圣门，各有金铜铸罗汉五百尊、佛牙等"，"寺内有智海、惠林、宝梵、河沙东西塔院，乃出角院舍，各住持僧舍"。龙兴寺凡560区，资圣院凡720区，普安禅院凡638区。如此大规模寺院，并非孤例，其他地区寺院如黄州齐安永兴寺、西京洛阳应天寺等也具有相当规模。吴郡苏州寺院达139所；杭州在北宋时佛寺已经有360所，宋室南迁后增至480所；灵隐寺、净慈寺、径山寺等大寺院有时住僧数1000至1700②。

宋代也不乏规模庞大、富丽堂皇的寺院，房屋千百间，僧侣千百人，一些名寺更多是"僧业富沃"。宋代僧尼被立为僧籍，不入国家户籍，而由祠部专管。一些农民苦于徭役，变身僧籍进入寺院，为寺院劳作，使寺院占有大量社会生产力；包括高利贷、开办商业等都成为寺院经济主项。

以福建路为例，其佛寺之盛，始于五代，数量规模居全国之首。当时有"寺观所在不同，湖南不如江西，江西不如两浙，两浙不如闽中"③之说。福州号称"金银佛地三千界，风月人居十万家"④，盛况远在"南朝四百八十寺"之上。"早在北宋庆历年间福州城内的寺院就已经达到了1600余所。而至一百年之后的南宋淳熙年间，福州寺院仍存有1540所。这个数字，反映出这一百多年间在寺院建造的数量上，发生的变化并不是很大。其减少的数字，很可能是由于岁月的磨砺而自然衰减的。但无论如何，这座不大的地方城市，在北宋中叶至南宋初年，一直保持了

---

① 王贵祥. 中国汉传佛教建筑史·中卷. 北京：清华大学出版社，2016（5）：1121.
② 顾吉辰. 宋代佛教史稿［M］. 郑州：中州古籍出版社，1993：16.
③ 吴潜《许国公奏议》卷2：奏论计亩官会一贯有九害。
④ 陈傅良《淳熙三山志》卷4。

有 1500 余座寺院的规模，比临安城内外还多了 600 余座。"① 寺院是宋代福建路的最大经济体，不仅广据良田，收取地租，还借助民间对佛教的信奉，开辟各种牟利途径。

为官宦贵族建造功德坟寺，在寺院经济中占有重要地位。这种规格仅次于帝后陵寺的寺院，在宋代，政府为其办理批准名额，免除寺院领地赋税，享受的特权高于一般寺院；住持任命、领地事务等均可由寺主决定。此外，功德坟寺还拥有兼并既成寺院的特权。

两宋寺院建筑发展还分化出另外一种倾向，一些佛教中心渐渐由城市向远僻山林转移。唐代以来，特别是禅宗兴起，禅宗寺院多选择名山大川作为基址，禅寺也常被称作"丛林"。两宋时期的重要寺院，除了地处平原的汴梁城若干寺院之外，似乎大多是禅宗丛林寺院。

与北宋、南宋大体上相应的辽、金两朝，统治中国北部地区约 330 年。辽代帝王对佛教采取保护政策，在圣宗、兴宗、道宗三朝，佛教达到鼎盛，进行了大批刻经、建塔、开凿石窟等营建活动。辽代以五台山为中心的华严宗最为兴盛。金代，在王室的崇奉和支持下，佛教也相当发达，最流行禅宗。但慈宗以后，朝廷为筹措军费，滥发空名度牒，致使佛教日趋腐化衰退。

二、两宋时期寺院建筑的分布

相比于隋唐两代和同时代的辽、金两朝，两宋王朝所辖地区的寺院建筑分布十分广泛，不仅都城和州、县城中寺塔相望，乡、镇村落也都不乏大小规模的寺院、兰若。从南朝时期开始兴建的山林佛寺，在两宋期间已经遍及各地名山，除少数道教名山，其余知名山峰都建有佛寺，即便在一些道教名山附近也有僧寺并立。宋代印刷术的大幅度进步和应用普及，促进了文化的传播和振兴，文人的社会地位高，思想活跃，著述数量陡增。大量宋代文人著录、笔记、奏章、游记、题记等对各地寺院建筑有多方面涉及，为研究寺院建筑的地理分布、发展演变等诸方面问题提供了有价值的参考和依据。

经历了南、北迁徙的两宋王朝，行政区划情况变得复杂，根据行政区梳理寺院

---

① 王贵祥. 中国汉传佛教建筑史·中卷 [M]. 北京：清华大学出版社，2016（5）：1117.

建筑的地理分布和区域特征易生矛盾交错之处。宋朝实行地方机构的州府和县二级制，北宋一级行政区分十五"路"，包括京东、京西、河北、河东、陕西、淮南、江南、荆湖南、荆湖北、两浙、福建、西川、峡西、广南东、广南西路；以后陆续分西川路为益州、梓州二路，峡西路分利州、夔州二路，江南路分江南东、西二路，京西路分南、北二路，淮南路为东、西二路，陕西路分永兴军、秦凤二路，河北路分东、西二路，京东路分东、西二路，开封府升京畿路，共24路。南宋设两浙东、两浙西、江南东、江南西、淮南东、淮南西、荆湖南、荆湖北、京西南、成都府、潼川府、夔州、利州、福建、广南东、广南西16路，后改为17路，把利州分东、西两路。此外还有以驻军区域为单位的知军体制，府、州、军、监为一级，县为一级。北宋曾设开封府、大名府、河间府、京兆府、太原府、江陵府等；南宋设临安府、建康府、平江府等。由于两宋时期的行政区划有多次变化，在对其寺院建筑分布进行分析时，所依据文献多以行政区为地理参照系，因而很难得到各个片区在整个两宋时间段的统计。

建筑史家王贵祥对宋人所著的《宋史》《续资治通鉴》《大宋高僧传》《禅林僧宝传》《五灯会元》《景德传灯录》《古尊宿语录》等文献中涉及北宋佛寺的内容做了梳理，进行了寺名、区划、年代等信息的整理和统计。共录入661座寺院，虽然相对北宋寺院的全数只能算零星抽样，难以对其分布情况做出整体判断，但也可以反映出一些倾向性规律。其一，这一时期寺院分布范围比较广泛，不同于南北朝和唐代或同时期北方辽代寺院带有明显密集区的分布格局；其二，这一时期的寺院建筑多为禅寺，是以禅宗丛林为主的禅修式寺院生活，而不再像南北朝和隋唐时期，因容纳数量较多僧人而营建规模宏大的寺院。或许这是经过了晚唐、五代的灭佛和战乱，寺院建筑受到严重摧残，大型城市寺院可能招致更大的打击。而以禅修为主的禅宗丛林，特别是散落在僻静山林、规模适中的禅寺，比较容易存留。北宋时期，除了京师具有皇家背景的大型寺院，难见规模宏大的佛寺，以及超大尺度殿堂和塔阁的记载。

可以推断，除了都城里个别旧有寺院之外，北宋时期重建或新建的寺院，多落户于远离城市的区域或偏远乡村，以及幽静秀丽的山林。寺院的建造者，也由权势阶层转变为依靠募集资金建寺的僧人。即由隋唐大规模的国家建设，转为了北宋具有民间性、个人性募捐集资的小规模营造。这也对寺院建筑的格局、配置，以及殿堂尺度的确定产生了重要影响。

北宋时期较为重要寺院建筑的分布区域，除了政治中心所在的河南地区之外，更多的是南方地区包括现今的江苏、浙江、福建、湖南、湖北、江西、四川、广东各省；其中相当一部分寺院，位于山林之中。这显示出晚唐、五代以后，佛教的中心开始南移的趋势。五代时较为稳定的吴越、南唐、闽、南汉等地方割据政权所辖地区大批兴建寺院，促成佛教中心南移。再者，佛教重点区由城市向偏僻山林转移。两宋时期的重要佛寺，除了汴梁城内的若干寺院，似乎大多数都是禅宗丛林寺院[①]。

王贵祥对近年编纂的宋代文章总集《全宋文》所记载的两宋 119 个州 372 所寺院建筑的情况做了梳理，显示出各州寺院拥有量和影响度存在很大差距。明州被录入 26 所寺院；台州、湖州、江州、苏州、秀州、洪州、韶州、吉州、衢州为 10 所以上；福州、常州、潭州、广州接近 10 所；而越州、同州、黄州、婺州、抚州、汾州、青州、潞州、邢州、筠州、随州在 5 所左右。被录入 2~3 所寺院的州 17 个，仅 1 所的州 17 个。借此也可以对前面的推论补充些依据。

宋代江南禅寺兴盛。相传，由南宋宁宗时的宰相史弥远提出，划定江南禅寺等级，设五山十刹，以余杭径山寺，钱塘灵隐寺、净慈寺，宁波天童寺、阿育王寺为禅院五山。钱塘中天竺寺、湖州道场寺、温州江心寺、金华双林寺、宁波雪窦寺、台州国清寺、福州雪峰寺、建康灵谷寺、苏州万寿寺和虎丘寺为禅院十刹。这种将寺院建筑官署化按等级排座次的做法，反映的是一种将佛教世俗化的过程；元代基本上延续了五山十刹这一制度；明代之后，五山十刹制度再没有最初建立时的影响力了，存其名而无其实。

第六节　藏传佛教进入汉地以后的寺院建筑

一、元至清代汉地寺院文化的发展状况

元代世祖忽必烈崇奉藏传佛教，奉西藏高僧为帝师，规定后代帝王必须先就帝师受戒之后才能登基。由于皇权大力倡导，寺院建筑迅即扩张，占据了大量土地，

---

① 王贵祥.中国汉传佛教建筑史·中卷［M］.北京：清华大学出版社，2016：1072-1074.

且兴业经商，各地的当铺、酒肆、货场、渔市、商店、客栈很多都是由寺院来经营的，寺院经济野蛮生长。寺院经济的空前发展，促成了元代僧人的世俗化，真修行者少，求财利者多，这也构成了元代佛教的主要特征。

除了藏传佛教，元代佛教的禅宗也在流传；在传统宗派之外，江南还有白云宗、白莲宗的传播。明代太祖朱元璋出身于僧侣，亲身经历使其深谙利用宗教起事之道，特地对佛教进行了整顿，限制佛教扩张。明代还兴起了在家居士研究佛教的风气，很多学者都撰写佛学著作，对佛教复兴产生了一定影响。清王朝沿袭了明代的佛教政策，不同的是又开始重视藏传佛教。

藏传佛教主要在藏族地区形成、流传和发展，喇嘛教是藏传佛教的旧称（清代以前的称呼）。"喇嘛"是"上师"的藏语音译。藏传佛教是佛教与西藏原有本教长期影响互动的产物。由印度传入西藏的是包括显宗和密宗的大乘佛教，其中密宗的传播更为兴盛。藏传佛教是在佛教教义的基础上，汲取本教的一些神祇和仪式，形成显密共修、先显后密的独特的藏传佛教，主要教派有宁玛派（红教）、萨迦派（花教）、噶举派（白教）、格鲁派（黄教）等。

元世祖支持萨迦派的发展，以萨迦派祖师八思巴为帝国的国师、帝师，统领天下佛教，推动藏传佛教在藏族、蒙古族和北方部分汉民族地区的传播。藏传佛教的最高领袖成为帝师并常驻京城成为以后各代元统治者的定例。由于得到中央王朝的支持，公元13世纪至14世纪，萨迦派跃居藏传佛教各教派之首，成为西藏地区政教合一的统治者。

元代汉地佛教仍以禅宗为主流，北方有曹洞宗和印简一系的临济宗；南方有明本等禅师所传临济宗；总体上曹洞宗盛于北方，临济宗盛于南方。杭州是元代南方的禅宗中心、临济宗禅法的最主要传授之地。

明代强化中央集权君主专制，在思想文化上儒、道、佛三教高度融合，佛教中推行僧官制度，佛学理论与理学更加趋同。明代帝王大多推崇理学，也崇信佛教，汲取前朝佛教管理机制上的教训，注重把握对佛教利用和控制的尺度，既不抑制佛教的活动，又不使其发展过度，使明代佛教基本上处于平稳状态。

明太祖朱元璋着意加强佛教管理，切断佛教与民众的组织联系，杜绝社会不安定因素的滋生。洪武年间，发布《申明佛教榜册》，规定僧侣除了从事与佛教信仰相关的活动，其他诸如聚敛财富、干预政治等世俗事务绝对不允许涉足。明代后续帝王基本沿用这种对佛教推崇、扶植、利用和控制的政策。

明朝初年，南京的天界寺设管理全国佛教的机构——善世院，控制各地的佛教僧团；下设统领、赞教、纪化等官职。后又以僧录司取代善世院，僧录司共设八位僧官管理诸如掌印、封印、督修坐禅、接纳施主、阐明经教、惩治违律者等事务。

寺院建筑被分为禅寺、讲寺（华严、天台、唯识各宗寺院）、教寺（取代律寺从事瑜伽显密法事、为死者追善供养、为生者祈祷求福活动）。教寺的功能设置，反映了社会各阶层对佛教法事的旺盛需求。

明代的汉传佛教延续着禅宗兴盛，主传临济宗、曹洞宗两家的格局。禅净一致的思想逐渐成为当时佛教的主流，各宗派以净土为共同信仰，认为只有归心净土才找到了精神依靠，念佛成为时代之风。同时，净土思想普及于民间，成为信众最熟悉的法门。

在清代前期，佛教得到几位皇帝的支持和保护，是统治者思想和精神支柱的组成部分。一些高僧也自觉地将佛教与儒、道合流，使衰微的佛教得以维持和延续。不过，佛教在清代总体上日渐颓势，难以挽回。

不同于辽、金、元统治者，清初帝王饱受佛教思想熏陶，对佛教有浓厚的兴趣，几乎全盘继承了明代的佛教文化。然而嘉庆年以后，国力下降，社会动荡，统治集团自顾不暇，佛教失去了国家层面的关注，也就风光不再。但佛教界转而致力于经典的校刊和流通，使佛法仍能继续弘传。其中，在明清佛教出现的居士研究佛学的风气，是这一时期的特色，也是重要的社会文化现象，对明末清初佛教的一度振兴起到了很大的推动作用。

元代政权把弘扬藏传佛教作为维持汉地和藏区统治的国策，到明清两朝，统治者采取了汉传佛教与藏传佛教兼容并存的立场，在一定程度上助推了汉地的藏传佛教寺院的建造。由于皇家的青睐和政治上的倚重，藏传佛教僧侣一度在京城享有很高的地位，尤其在宣德末年达到峰值。朝廷对于藏区来京的僧人会给予高等级礼遇，常为其修寺建塔，京畿地区的藏传佛教寺院成为一道特殊的景观。

明、清两代继续采取元代的宗教政策，依靠和重用藏传佛教的代表人物来维持中原和藏区关系的和谐统一。明代迁都北京时，在昔日元大都已近衰微的藏传佛教再次活跃。明代改变元代一教专权模式，提倡藏传佛教各教派共同发展，此时，藏传佛教的噶举派势头已经超越了萨迦派，明朝的宗教政策有利于西藏稳定，也使其在北京得到再次发展。明代的北京，无论皇家还是民间，都经常举办藏传佛教活动，藏传佛教的部分仪轨也盛行于京城，并逐步演变为北京民俗。

二、明清时期寺院建筑的变迁与地域特点

明代，在宗教寺观的建造上，偶有皇族、太监参与的佛寺建造，如永乐帝在武当山为真武大帝建造的大型道教宫观，除此之外，未有国家层面的大规模寺院营建活动，也没有出现对寺院的大规模损毁活动。随着明代在制度上对各类信仰祭祀体系的认同，在地方或民间，寺院建筑更趋同于城隍庙、关帝庙、真武庙等民间信仰等世俗神道建筑。明清以来的一些寺院建筑中还出现了道教或民间信仰殿堂的建筑配置。

明朝初期，朝廷对汉传寺院建筑加强控制管理，设置了僧录司，将寺院分级，增加了大寺与小寺之间的隶属关系。但这些策略实施主要限于首都南京地区，对于其他地区的寺院，却并不存在这样一个被得到落实的严密制度。各地寺院建筑依旧延续本地佛教传承脉络和发展步调。曾在两宋时期寺院建筑一度兴盛的杭州、明州、台州等地，到了明代仍然保持了总体上的平稳状态。宋代东南地区禅宗寺院的"五山十刹"格局，在明代还有形式上保留，并且衍生了教院"五山十刹"[①]。虽然明、清两代的政治中心转移到南京与北京，但曾经是南宋佛教中心的杭州等地，寺院建筑营建与存续仍然兴盛。南宋出现的佛教重心向东南地区转移的总趋势，经历了元、明、清几代，也未有大的逆转。"明代江南地区的佛教，包括杭州、明州、苏州、台州、温州、福州以及在明代渐次发展起来的南京、松江、嘉兴、昆山等地，仍然保持了汉传佛教及其寺院十分繁盛的基本格局。而在南宋时代开始趋于落寞的开封、洛阳、西安等地虽然还在延续着寺院建筑的香火，但似乎再也没有完全恢复到其历史上最为鼎盛的唐、宋时期之旧有状态。"[②]

明代对全国寺院建筑的统计总数大约 4.2 万所、僧尼总数大约 21 万人，而清代初期对佛寺和道观综合统计的总数为 79622 座，以此估计，清初寺院建筑数量基本与明代持平。清初时僧人、道士总数为 140193 人，毫无疑问，清代僧侣数量大大

---

① 　刘长东．宋代五山十刹寺制考论．宗教学研究，2004（2）：100-108.
② 　王贵祥．中国汉传佛教建筑史・下卷［M］．北京：清华大学出版社，2016：1837.

少于明代，还可以推测清代每个寺院拥有僧人的平均数量也远远少于明代，单个寺院的平均规模也减少了很多。

清代是中国人口增速最快的朝代，土地资源紧张的问题愈加突出，寺院建筑的建设和经营都会与世俗社会争夺土地和劳动力。康、雍时期，朝廷对寺院的营建和僧侣数量严加限制，杜绝寺院的扩张，规定一座敕建寺院仅有僧徒 10 人、私建大寺院 8 人、次等寺院 6 人、小寺院 4 人，最小的寺院仅有 2 人。

与明代相同，清代帝王在佛教信仰取向上仍然倾向于藏传佛教。清帝敕建的寺院建筑，无论是北京城内，还是北京周边，都以藏传佛教寺院为主。在清代佛教事务的管理制度中，专门为藏区设置了藏传佛教僧人的僧官等级系列。清政府的这些举措，推动了藏传佛教更广泛的传播与藏式寺院建筑的流布。

清政府对于京畿地区兴建的藏传寺院建筑给予了扶持。同时，为了巩固与蒙古统治集团的联盟，对藏传佛教寺院在蒙古地区的落地和营建也给予相应支持，使藏传佛教的传播范围进一步扩展。清帝为了加强同蒙、藏上层的联络，增进民族情感，不仅在北京的皇城中建造藏传佛教佛寺，还陆续在承德行宫附近建造了一批藏式寺院建筑，专门用于接待前来朝觐的蒙藏上层。藏传佛寺建筑的版图也因此扩大到西藏以外的青海、甘南、川西等地区。

佛教禅宗的兴起，催生了僧人远离城市到山林中建造佛寺的一种风气。禅宗寺院也被冠以"丛林"或"禅林"的称谓。在与尘世隔绝的山林之中，佛教徒们或许更接近可以潜心修行的净土。明清时期的山寺不仅没有因为偏远而冷僻，反而由于人们竞相追逐，变得兴旺起来，各地州县都普遍有兴建或修葺的山林佛寺。江南的江、浙、皖、鄂及闽、粤、赣等原本佛教传播较广的地区，山林佛寺的分布十分普遍。在唐代以深入人心的佛教名山，诸如五台山、峨眉山、九华山、普陀山等，在明清时期，受到大批信众顶礼膜拜和朝圣，使这些佛教名山的影响和地位不断提升，其寺院格局和建筑形象也成为佛教营造的模本。

除了佛教四大名山道场，还有所谓佛教"八小名山"，一般指：南通狼山、南岳衡山、中岳嵩山、江西庐山、滇西鸡足山、浙东天台山、陕西终南山和北京香山。

第四章　中国古代寺院建筑文化的聚集区

第一节　不同历史时期的寺院地理

在佛教的文化地理学研究中，文化区的内容除了显示佛教文化的格局，还可以通过佛教的要素分布范围来进行佛教文化的区域划分，将文化的同质特征与异质特征从空间上进行区分，以彰显其地域差异。划分文化区往往会因为分析视角、方法和要素的不同而产生不同的结果。文化区的结构和边界的形式，同样会因不同的视角和方法而产生不同的叙述。与地理学其他分支相比，文化地理与历史之间的关系十分密切。文化是一个既往和现代共同构筑的体系，文化地理的研究需要在时间轴上截取剖断面。一些文化要素与历史关联度不高，但其地域差异性的成因仍有历史传统的背景。在东西方的文化传统中，对文化地域差异的认知也截然不同。

对佛教的文化地理需要根据文化系统的要素和结构差异进行分区研究。区域界定既是文化地理的基础性工作，也是成果的价值体现，语言和宗教是文化分区所依据的重要因素。在佛教区域划分的过程中，佛教的类型、派别、宗教活动和方式、寺院格局和建筑风格等方面的差异，是需要考量的重要指标。"文化区的特征从一个范围较小、性质较单一的核心向着过渡带渐趋减弱，但其间并无截然的界限，所以文化区的分界线就不可避免地带有一定程度的主观性。"

根据研究目的、范围的不同，佛教文化地理区的划分先要确定空间尺度，大到洲际尺度、小到村镇甚至更小尺度，根据其地区的地理坐标、佛教要素的特征划分区域。文化分区可以全面深刻地揭示不同区域的佛教文化体系的层叠和积淀，从而获得该研究对象关于佛教文化的区域特征和分异规律。

一、寺院文化传播发展路线与文化地理区域

20 世纪 40 年代，学者山崎宏通过研究高僧的传播活动区域进行中国佛教地理的分区研究，对《梁高僧传》及《唐高僧传》中汉至唐代高僧的区域分布做了数据统计，梳理出这个时段佛教的区域发展演变状况。山崎宏按照佛教传播发展线路，

将佛教传入后数百年形成的隋唐佛教地理格局划分为八个传播线路发展区域。其中，北方地区的佛教传播路线上有三个发展区域：

（1）黄河流域长安—洛阳佛教传播文化区；

（2）以邺城为核心的太行山麓佛教传播文化区；

（3）五台山汾河佛教传播线路形成的文化区。

中、南部的佛教传播线路形成五个文化区域：

（1）长江下游地区以建康为中心的佛教传播文化区，范围包括湖广的荆州、巴陵、鄂州、黄州，江西的江州、庐山，安徽的舒州、池州、宣州、卢江，江苏的金陵、丹阳、润州、金山、扬州、常州、苏州，浙江的湖州、杭州、余杭、越州、明州、天台，福建的嘉禾等区域。以禅、律两宗为主。

（2）南方佛教传播区域，含湖广的韶州、衡山、潭州，江西的吉州、抚州，浙江天目山外围的睦州、衢州、婺州、温州及福建的福州等地区。

（3）联系南北的佛教传播区域，包括山东沂州、徐州，江苏的泗州、寿州，河南的光州、南阳、邓州、唐州，湖广的安州、均州、襄州等地区。

（4）四川佛教传播区域，含益州、汉州、彭州、资州、绵州、梓州、始州、蜀州、东川等地。

（5）广东佛教传播区域，主要是罗浮山地区。

隋唐时代，作为政治经济重心的黄河流域，也是佛教传播发展的繁荣地区，长安、洛阳、五台山等地是历代僧侣与信众奔赴向往的传统佛教圣地。南方的荆楚、吴越地区则是南方较早开发地区，佛教传播较早，佛教文化发达。到隋唐时期，岭南地区开发尚且滞后，佛教影响范围较小。

这八个区域在随后的历史进程中发展演变为另一种格局和形势：

（1）北方的黄河流域地区，宋元时期的长安、洛阳失去了政治中心地位，佛教的形势随之进入低潮。五台山保有华严宗的佛学特色和中心地位。山东地区以泰山为主的神祇佛教得到发展。北宋首都开封，因译经事业使佛教一度兴盛并倾向于世俗化。辽金至元末，以北京为中心的河北地区佛教有很大发展。

在明代，北方黄河流域各区域佛教发展的活跃程度远不及江南，与历史过往相比呈现出日益衰退的趋势。河北地区佛教在明初失去辽至元的繁荣，即使在明代初期仍然萧条，其复兴还是在永乐迁都北京以后。明后期，禅宗为主的佛教在河北各地发展起来，四方僧侣汇聚北京，促进了京畿地区的佛教兴盛。

山西地区太原府的五台山在历代都是佛学研究和弘传的重要道场，往来僧人交流频繁。山西佛教历来重教理研究，以华严思想为主，兼备楞严义理及唯识宗诸论研究，强调万法归一的思想。

山东地区的佛教在明代中后期发展平稳，一直处于神佛杂糅状态，自主和保守并济。南宗禅对山东地区的渗透从唐末延续到明代，来此交流的大多为习禅僧侣。

河南府区域佛教在明代的主要发展期已经接近明末，外来僧侣占据主导，多汇集于嵩山和伏牛山两处历史上的佛教圣地，以习禅为主。河南佛教与山西佛教一样，延续隋唐长安佛教的研学传统，同时也讲求修禅或感通，世俗化倾向在明代更为显著。

陕西地区随长安佛教中心的迁移大幅衰退，宋至明代，成为北方佛教文化体系中最消沉地区。西安府的长安和终南山两地，都是隋唐时期佛教界的翘楚，到了明代虽然少有建树，但作为传统的佛教圣地，依然是人们心目中未能遗忘的佛教地理标志。

包括黄河流域在内的北方地区，除首都北京居政治中心优势，获得了佛教的兴盛局面，其他传统佛教文化片区的发展，主要是以传统的祖庭、道场等为核心向外围展开的。

（2）长江流域各地区的佛教发展状况是：上游的四川地区延续了唐以来的平稳状态；中游的湖广、江西地区禅宗占据主导地位；下游的江苏、浙江地区五代以后因南迁佛徒汇集，出现了佛教文化大融合的繁荣局面。东南沿海温州、福建各地，佛教也非常兴盛，保留着佛教发展的传统形态。岭南地区基本仍维持原貌，没有大的变化。

云南片区佛教发展原本微弱的状态在宋元时期被改变，元代的滇南地区佛教已经相当发达，西方传入的密教与汉地各个宗派思想在此交会混合。

长江流域各个片区，位于上游的四川，其佛教文化一直具有比较突出的内向性和独立性，至明后期，与区域外佛教的主动交流日益频繁。长江中游的湖广、江西地区原属于隋唐建康佛教传播区域，因毗邻长江下游江南地区，僧侣的流动性很强，概因地理条件使然。明代南禅宗在这个片区延续着唐宋以来在佛教中的主导性，兼融律、净、天台、华严、法华各宗思想。至明后期，这种建立在融合性基础上的佛教研学体系步入发展阶段。

（3）长江下游江苏、浙江片区，在明太祖推行的佛教策略之下，江南地区呈现出佛教的文化资源向首都南京汇集的态势，统管全国僧众的善世院也设在南京。迁都北京以后的南京佛教，繁盛局面虽被淡化，但仍居全国引领地位。佛教人才的交流，依然集中于南京、苏州两地，以修禅兼研学大乘诸经及各宗派思想为主，也有儒释融合学术的研究。在浙江地区各个州县之间，僧人中互相游学交流的风气很浓厚，浙、苏最盛，江西、湖广次之。活跃的佛教生态，带来江南佛教文化的繁荣，构建了以江、浙为中心，跨江西、湖广、福建等区域的南方佛教文化交流圈。江、浙佛教，为隋唐形成的长江下游的建康佛教传播线路一脉，以建康佛教和天台思想为基础，异于长安佛教发展区。宋元时期，汉族政治、经济重心向南偏移，北方佛教人士南迁，南北佛教的交融更加透彻，江南佛教的文化内涵更加丰富多元。

（4）东南沿海的福建、岭南地区，唐代禅宗在闽地已经普及，明代佛教流布从前朝的建州、福州和泉州等地扩展到福建大多数地区。岭南地区虽有南禅宗祖庭的优势，但佛教的传扬却难得畅达局面，即便到了明代也仅限在局部的发展。

二、高僧分布区域反映的寺院文化发展地理特征

佛教地理对历史时期的高僧驻锡地和出生、籍贯地分布的考察，是佛教区域研究的重要内容。佛教代表人物的诞生环境和活动轨迹、区位场所的归纳结果，可以很好地反映某个时代佛教发展的文化地理特征。这种将进入历史文献中的人物信息分类和分区统计，也是历史地理学进行区域研究的基本方法之一。历史地理学者辛德勇和李映辉分别做过唐代高僧籍贯和驻锡地地理分布的研究，依据的都是《续高僧传》《宋高僧传》及《大唐西域求法高僧传》三个文献。

辛德勇以安史之乱为分界，将唐代前后两个时期高僧籍贯和驻锡地做了地理归属的统计。唐前期大部分时间，将辖地依山川形势划为十道，后期划为十五道。江南东道在唐前后两期高僧籍贯数量统计中都居全国首位，其中以太湖、杭州湾周围的润州、苏州、越州、常州、杭州密度最高。其他道在唐前期的排列顺序依次为：河东道、京畿道、外来入华僧人、河南道、山南东道、河北道、剑南道、陇右道、岭南道、淮南道、江南西道、山南西道、关内道等。

在这之中归纳的 7 个集中分布的区域和线形地带包括：河渭分布带、太湖—钱

塘分布带、汉水分布带、川西分布带、太原盆地分布区、珠江三角洲分布区、红河
三角洲分布区。

此外还有东、西两个均匀分布区，东分布区包括黄淮平原、长江中下游平原及
山西山地中南部地区；西分布区包括天山南北、帕米尔东西的广大区域。

以秦岭—淮河线分南北方，在唐前期高僧籍贯地理分布总数量中，北方占据大
多数。

与唐前期相比，唐后期总数量大幅度减少。江南东、西两道数量上升，关内道、
山南西道持平，其余各道数额都有下降。

在唐后期高僧籍贯地理分布数量中，南、北方的占比出现逆转，南方占据了大
多数[①]。

高僧驻锡地的地理分布，与寺院建筑和名山名胜的分布、区域、交通等状况有
非常直接的关联，也可以反映在其所处时期，佛教发展的地理重心、区域繁荣、汇
聚中心区位等状况。

唐前期高僧驻锡地各道分布数最高的是京畿道，仅长安城内的数量就占京畿道
总数的九成，占全国总数近四成。其余各道排列顺序为：江南东道、河东道、都畿
道、剑南东道、山南东道、河南道、淮南道、河北道、江南西道、关内道、山南西
道等。

唐前期高僧驻锡地的分布，总体与高僧籍贯的分布区域接近吻合，在某些地区
有些出入。高僧驻锡地多集中于中心城市或著名山岳，呈点式分布，与高僧籍贯分
布形态有所区别。以秦岭—淮河线分南北方，在南北方分布对比上，北方超过南方。
各地高僧汇聚长安、洛阳两都的趋势明显。

唐后期高僧驻锡地总人数统计，同这个时期的高僧籍贯情况基本一致，较前期
大幅减少。只有江南东、西两道数额显著上升，关内道和山南西道略有增加，陇右
道持平，其余各道均有所下降。总的趋势是长江中下游地区普遍上升，而黄河中下
游地区普遍下降，南北方的数字对比，在前后分期线出现转折。

另外，唐代后期高僧驻锡地分布，向一些著名山岳及其周边地带偏重。高僧的
迁徙主流也由前期的两京转为京畿道、山南西道、江南西道。

李映辉对唐代高僧籍贯分布于各道数量统计后的排序方式有所改变，用了分级分组的方式，增加了与地理成因分析的关联性，比如在交通、气候方面的影响。

其在唐代高僧驻锡地分布的数量统计中，累计了单个高僧去往的多个驻锡地，将人数变为人次。

统计分析的结论，除了对先期研究的地理分布的现象和特征进行印证和补充，还扩展至对佛教要素分布的影响条件的研究。在自然、区位因素中，地形是构成自然影响的主因；交通、地缘和空间关系则是区位因素的主要内容。而经济、人口和宗教传承条件的独自或共同作用，使佛教发展呈现明显的地域差异[①]。

第二节　都城与寺院建筑

从佛教初传开始，首都城市总是被作为领先发展的区域。第一，佛教的大力弘扬离不开最高权力者的推动，而统治者不乏利用宗教的政治动机，所以只有栖身政治中心区，才有可能获得发展的最大化。第二，都城是国家的经济中心，佛教发展离不开坚实的经济基础。第三，国都在地理上都处于交通枢纽地位，佛教的传播、交流和汇集活动必须有畅达的交通保障。第四，都城也是国家的文化中心，人才荟萃，佛教集团需要吸引尽量多的文人贤士踏入其圈层，促进其学术精进和在地化融合。第五，古代都城的人口基数和密度在一国之中都是最大的，这也提高了佛教在各阶层传播的效率。

一、洛阳

洛阳寺院建筑的历史，是从东汉中国汉地第一座佛寺——白马寺的设立开始的。不过"寺"这个名称原本是属于官府机构的，西晋以前的佛教建筑基本都称作"祠"。所以，白马寺这个名称并不产生于汉代，最早的佛教史典籍中，只提到在洛阳雍门西建有精舍，后来的文献才陆续记载了洛阳雍门西精舍即白马寺。除了白马寺，东汉至西晋末，洛阳还兴建了东牛寺、菩萨寺、满水寺、大市寺、竹林寺等40多座寺院建筑。

---

① 李映辉.经济、人口、历史传承与佛教地理分布.求索，2003（6）：247.

北魏孝文帝把都城从平城迁至洛阳，也使北方的佛教中心转移到洛阳。这一时期洛阳的佛寺在数量和规模上都达到高峰。据《洛阳伽蓝记》记载，最多的时候，洛阳城内外分布着 1360 座佛寺，佛教氛围非常浓厚。洛阳的佛寺整体规模可观，建造水准也十分高超，体现了当时自上而下的佛教信仰上的虔诚，驱使人们去创造一座座建筑奇观。今天，通过考古发掘历史遗迹所能触碰到的永宁寺和寺塔，曾经是一场最能代表北方民族崇佛精神的营造活动。

洛阳北魏佛寺中，国家级重要的佛寺皆由皇家设立并主持兴建，与当权者施政策略密切联系，城市规划布局时将其置于城市的重要位置，永宁寺便是位于皇城之内。这类寺院规模之大、形制规格之高都是普通佛寺无法比拟的。

王公贵族出资建造的私家寺院，虽然规模不大，但配置齐备，设有殿堂、僧舍和佛塔等。还有一类寺院是由社会各阶层舍宅为寺形成，在北魏洛阳佛寺中，数量占比最高。北魏朝大部分时间崇信佛教的社会风气盛行，汉末延续下来的捐献家宅建立佛寺的行为，成了信仰佛教的最高境界，建寺者的贫富差异也使得这类寺院的规模和品级参差不齐。佛寺的这种差别，显现了当时洛阳不同阶层、不同背景人群参与的社会造寺运动。

隋唐时期，东都洛阳分为三个独立的部分；以洛水为界，北有两城，包括西北隅的宫城、皇城、东城和含嘉仓城，东北隅的北里坊区；水南为南里坊区。其中宫城中心区的佛寺与两个里坊区相比，数量较少。

隋代佛寺在数量上比唐代少，规模也比唐代小。根据文献统计，隋至唐，洛水以北里坊区分布有 8 座佛寺，位于上东门街南北两侧的里坊内；洛水以南里坊区有寺院 12 座，主要集中在定鼎门街、建春门街两侧里坊内；寺院的附属设施和田产也位于里坊区内，与寺院不在同一里坊。

洛水以北里坊区内的佛寺，街南为福先寺、大云寺、华严寺及太平寺，街北有天女尼寺、德懋坊佛寺。其中，天女尼寺后迁入洛南观德坊，改名为景福寺。在徽安门街东侧道光坊有昭成寺，安喜门街东侧殖业坊有卫国寺，兴艺坊内有麟趾寺等。

洛水以南里坊区的寺院主要集中在定鼎门街、建春门街两侧里坊内，共 12 座。皇家寺院有敬爱寺、圣善寺、福先寺等。定鼎门大街两侧里坊内有 8 座寺院，街东侧有荷泽寺、天官寺、奉国寺、崇化寺，街西侧有龙兴寺、安国寺、福先寺、太原寺。其中，位于教义坊的太原寺后迁入北积德坊，剩余 7 座。建春门街南市附近有 5 座寺院，位于街道南北两侧：街南有圣善寺、修行寺、长寿寺、永穆寺，街北有敬爱寺[①]。

洛阳城历史上最重要的佛寺营造事件，是发生在北魏熙平元年（公元 516 年）的兴建永宁寺。《洛阳伽蓝记》专篇记述了永宁寺的地理位置、规模、配置、建筑风格、城市形象等："永宁寺，熙平元年灵太后胡氏所立也。在宫前阊阖门南一里御道西。其寺东，有太尉府；西对永康里，南界昭玄曹，北邻御史台。阊阖门前御道东有左卫府，府南有司徒府……中有九层浮图一所，架木为之，举高九十丈。上有金刹，复高十丈；合去地一千尺。去京师百里，已遥见之。""浮图北有佛殿一所，形如太极殿。中有丈八金像一躯，中长金像十躯，绣珠像三躯，金织成像五躯，玉像二躯。作工奇巧，冠于当世。僧房楼观一千余间，雕梁粉壁，青璊绮疏，难得而言。""寺院墙皆施短椽，以瓦覆之，若今宫墙也。四面各开一门。南门楼三重，通三阁道，去地二十丈，形制似今端门……拱门有四力士、四师子，饰以金银，加之珠玉，庄严焕炳，世所未闻。东西两门亦皆如之，所可异者，唯楼两重。北门一道，上不施屋，似乌头门。其四门外，皆树以青槐，亘以绿水，京邑行人，多庇其下。"

关于永宁塔的高度，《水经注》记载为 49 丈，现代人有不同的猜算结论，大致在百米上下。以彼时的土木混合结构达到这样的高度，也是令人难以置信的。

20 世纪 60 年代，中国科学院考古研究所在洛阳城遗址的考古勘察中确认了位于城内的永宁寺及其寺塔基址，并在 70 年代末进行了考古发掘。寺院南北长 301 米、东西宽 212 米，从北至南保留了中轴线上的佛殿、寺塔、南大门基址，东、西院墙还留有对称的大门。文献记载的千余间僧房楼观，因受累年毁灭，未能发现其遗址。但是永宁寺的总体布局还是可以清晰的反映出来，早期寺院建筑布局上奉行印度模式，院落以塔为中心，佛殿位于寺塔北侧，与僧房一起环塔而建。

龙门石窟则是洛阳现存的佛教建筑的奇迹，始凿于北魏孝文帝时期，盛于唐，终于清末。龙门位于洛阳南郊，距城区 13 公里，龙门山为秦岭余脉熊耳山的分支，断裂为东西对峙的两座山，伊水从中间流过。石窟就密布于伊水两侧的东、西两山的峭壁上。北魏花 40 年时间开凿了古阳洞、宾阳三洞、火烧洞、莲花洞等洞窟，而最大规模的开凿是在唐代，尤其是武则天时期完成的，包括敬善寺、潜溪寺、唐

---

① 田玉娥.浅议隋唐时期东都洛阳城之佛寺[J].丝绸之路，2012（2）：14.

字洞、万佛洞、奉先寺等洞窟。武周时期的首都定在洛阳。

二、长安

公元 401 年，后秦迎鸠摩罗什入长安，是魏晋南北朝期间佛教传播最重大的事件之一。鸠摩罗什在长安城北的逍遥园、西明阁开设译经场升座讲经，从皇帝到王公大臣纷纷来听讲。讲堂后移至终南山圭峰下的大寺草堂。"沙门自远而至者五千余人"，一时间，达到中国佛教发展空前的盛况。在鸠摩罗什之前，西晋时，西域僧竺法护曾到达长安，在青门内的白马寺讲经授徒。他带动了多位国内外高僧在长安译经弘法，使得当时佛教传播的重心汇于长安。鸠摩罗什到达之前，长安已经是北方佛教译经事业的中心，而鸠摩罗什将其推向了高潮。西魏北周时期的都城长安，在大部分年代仍能延续佛教译经中心的传统。北周宇文泰尚能"于长安立追远、陟屺、大乘、魏国、安定、中兴等六寺，度一千僧"[①]。北周武帝于建德三年（公元 574 年）毁佛，辖地内寺院被破坏殆尽，都城长安的佛寺首当其冲，几近覆灭。

隋唐的大多时代处于佛教兴盛期，无论是隋大兴还是唐长安，作为都城，依然是佛教发展的中心，城内寺院、佛塔遍布，僧侣荟萃。隋初，宇文恺规划设计大兴城，选址在汉长安城的东南。在规划中做了寺院建筑的城市布局，隋文帝为此规定了 120 座寺院额度。都城初建时先期营造大兴善寺、菩提寺、灵感寺、月爱寺、万善尼寺等几座寺院。后续依靠权贵财力的支持建寺，或舍宅为寺，至隋大业初年，隋大兴城的佛寺达到 120 座。

大兴城自北向南、从内向外为宫城、皇城和郭城，所有的佛寺都分布在里坊区，城内寺院大致有四个相对集中的分布区。最大的寺院分布区包括了皇城南面和西面的部分里坊，拥有的寺院占城内总数的 70%。西市东南的崇贤坊有 8 座寺院，密度最高。西市北面的隆政坊、醴泉坊和居德坊也有四五所寺院。城南的寺院分布最少，城北也比较稀疏，寺院多集中于城中部地带；城西部的寺院密度又明显高于城东部。

大兴城规模浩大，城市中心偏北，人口密度偏低，城南居民少，佛寺分布极少。城西南角建两座寺院——禅定寺、大禅定寺，目的是平衡大兴城偏北的城市重心。

---

① 法琳. 辩正论：卷 3 [M] // 高楠顺次郎. 大正新修大藏经：第 52 册. 台北：新文丰出版公司，1983：508.

　　唐代将大兴城更名为长安，开元十年时共有僧寺 64 所、尼寺 27 所，基本保持了隋大兴城的寺院分布格局，唐长安的寺院相对更集中于城市中部。修建大明宫以后，城东北靠近大明宫区域的寺院有所增加。

　　长安城不乏规模宏大的佛寺，大兴善寺占据朱雀大道东侧的一整个里坊，根据文献记载，推测其面积在 25 公顷上下；大慈恩寺也占半个里坊，有僧舍 1800 间。长安的寺院汇集了包括大德高僧在内的大量僧侣，唐前期，全国有 40% 左右名僧居于长安。

　　靖善坊大兴善寺是隋朝所建的长安最大的寺院，隋文帝很重视这座佛寺，寺中设置了译馆，为全国译经中心。唐代，大兴善寺仍为长安三大译经中心之一，印度名僧善无畏、金刚智和不空在此传译数量繁多的密宗经典，使密宗盛极一时，大兴善寺成为密宗祖庭。

　　晋昌坊大慈恩寺为玄奘译经、讲学和授徒的场所，也是长安的译经中心。玄奘以传播法相宗最为侧重，被人尊奉为法相宗祖师，大慈恩寺成为法相宗祖庭，大雁塔就是大慈恩寺寺塔。

　　大荐福寺占据了开化坊南部的一半面积，寺塔即小雁塔，安座于南面的安仁坊；开明坊的大部分被光明寺占据；大安国寺占了长乐坊东部大半面积；大庄严寺占永阳坊东部的一半加上和平坊南北街以东的部分。

　　新昌坊的青龙寺，是隋初与大兴城同步兴建的。此寺地势较高，可俯瞰市容。唐代青龙寺主传密宗，日本和新罗僧人多来此留学。日僧空海学成归国，带回大批佛学经典，在日本奈良东大寺创立真言宗，设道场弘传密宗，成为东密真言宗的开创大师。20 世纪 70 年代末，中国社科院考古所对青龙寺遗址进行了考古发掘，其中现存比较完整的一座伽蓝院落基址，是青龙寺西侧的塔院遗址，由中三门、塔、佛殿、回廊及两侧配房等组成，佛殿、回廊配房以佛塔为中心环绕布置，这样的格局反映出佛教传入以来，寺院建筑处于不断的本土化之中以及建筑的配置和平面形制的演变过程。北魏洛阳永宁寺遗址显现的佛寺布局也是一个例证。

三、邺城

　　历史上的邺城曾为曹魏、后赵、冉魏、前燕、东魏和北齐的都城，而这六个王朝在邺城建都的时段，也正是佛教传入和发展的重要时期。这些王朝的统治者多数有北方部族的背景，对佛教从接受到笃信表现得更为虔诚。后赵时期，在皇权的支持下，佛图澄等高僧弘扬佛教，使邺城呈现佛教繁盛的景象。北魏统一北方后，邺城作为都城，度僧建寺，造像立塔，再度繁荣，到东魏和北齐时达到极盛。邺城佛学承上启下，人才辈出；佛寺营造、开窟造像达到极高境界。

后赵帝王极为推崇西域高僧佛图澄，在辖地大兴佛寺，建寺近900所，佛图澄拥有门徒上万，邺城成为当时北方佛教传播的中心。东魏、北齐君主倾心佛教，邺城再兴崇佛风气，寺院、佛塔遍布城中，北齐全境僧尼总数达到两百万人。如《续高僧传》所载，"属高齐之盛佛教中兴，都下大寺略计四千，见住僧尼仅将八万，讲席相距二百有余，在众常听出过一万，故宇内英杰咸归厥邦。"西域、汉地名僧轮番在邺城译经注疏、讲经说法，各宗派佛学思想在此汇集交流，邺城成为继洛阳之后佛教的中原重镇。

在考古发掘的邺城遗址周边留有众多的佛教遗迹，包括：位于峰峰矿区的南北响堂山石窟、水浴寺石窟，涉县娲皇宫石窟，安阳灵泉寺由灵裕所建的大住圣窟、道凭禅修石堂大留圣窟及小南海僧稠纪念窟。其中一些重要的石窟寺，与著名高僧的活动或历史事件互为对应，价值更不可估量。继大同、洛阳之后，邺城是北方佛教石窟寺最集中的地区。

四、大同（平城）

大同曾是北魏首都平城，辽、金陪都西京，也是北魏时期丝绸之路最东端城市，包括佛教遗迹在内的历史文物众多。北魏拓跋珪于公元398年建都平城，在此称帝。北魏历代帝王大都高度重视佛教，平城时代在都城汇集了大批高僧，建有佛寺一百多座。太武帝拓跋焘灭北凉后，将其3万户皇族、文人、工匠、佛教信徒迁往平城，充实其文化、佛学、营造等方面的人才。从凉州来平城的高僧包括僧朗、玄高、慧崇、师贤、昙曜等，北凉僧人不仅精于禅业，还有很强的政治社交能力，与北魏皇室保持了融洽的关系，构建了佛教传播的良好氛围，平城各阶层崇佛人群迅速扩大，使凉州繁荣的佛教文化整体迁移到了平城。北魏平城中后期的佛教热潮、信众的精神导师都是凉州高僧。

昙曜把凉州开凿石窟寺的经验带到平城，在其建议下，北魏皇室开启了建凿云冈石窟的宏大工程，以昙曜为石窟开凿主持者，凉州工匠也在其中发挥了主力军作用。

与此同期，平城大兴建造寺院建筑之风，据《释老志》卷 114 的统计：至太和元年（公元 477 年），城内有新建和旧有寺院百所，僧尼 2000 余人；北魏辖区有寺 6478 所，僧尼 77258 人。平城佛寺在史料中可考的仅十几座，多出自《魏书·释老志》和《水经注》，包括：五级佛图、耆阇崛山、须弥山殿、长庆寺、八角寺、五级大寺、永宁寺、天宫寺、建明寺、皇舅寺、思远寺、报德寺、紫宫寺、抵垣舍、石祇洹舍及诸窟室、武周山石窟寺等。

武周山石窟寺即云冈石窟，北魏时称武周山石窟寺或灵岩，明嘉靖以后有了"云冈"石窟的称谓。云冈石窟位于今大同市区西 18 公里处的武周山，背山面水，临近武周川水的河谷，建凿于水流边的山崖上。始建年代虽尚存争议，宿白先生主张以"昙曜五窟"的开凿年代，即和平元年（公元 460 年）为起始。其主要大型洞窟由北魏皇家兴建开凿，中西部小窟为迁都洛阳以后民间开凿。石窟分三期开凿，"昙曜五窟"为第一期，五窟有明显的相同特征，洞窟平面为椭圆形，穹窿顶；二期主要位于石窟群的中部东侧，大约在魏孝文帝时期开凿，窟室基本为方形或长方形平面，平顶；第三期工程主要集中于第 20 窟以西的地段，主要开凿于魏孝文帝迁都以后。

辽、金两代，大同是陪都西京。因辽朝几代君主保护推崇佛教，也出现了佛教在辽发展的繁盛期。契丹族对佛教的虔诚不逊于鲜卑人，在唐末同时期接纳佛教。在圣宗、兴宗和道宗三朝时期辽地佛教近乎极盛，各地广建佛寺，大同的华严寺就是在这样的社会氛围中兴建的，作为皇室寺庙在当时受到特别关注。位于上华严寺的薄伽教藏殿，为辽重熙七年（公元 1038 年）所建，保留至今，为文化遗产之极品。清宁八年（公元 1062 年）建华严寺，位于下寺的大雄宝殿在建后 60 年毁于辽金战争，金天眷三年（公元 1140 年）在原址上重建，是现存的宋辽金时期最大木构殿堂之一，"为国内佛殿中不易多睹之巨构"（梁思成语）。

大同现存另一座辽代寺院善化寺，被称为"辽金巨刹"，寺中有多座辽金木构殿堂，比较完整地保留了辽金寺院建筑的格局和主体建筑，对于今人了解真实完整的宋辽时期佛寺提供了空间和景象，是极其难得的实物例证。

根据该寺所存金代碑刻记载，善化寺始建于唐玄宗开元二十六年（公元 738 年），赐名开元寺；五代后晋初期更名为大普恩寺；在辽金以后曾屡遭破坏，数次修葺。幸运的是，至今仍然保留了相当一部分辽金遗构，是中国保存相对最完整、规模最大的辽金佛寺。现存辽金建筑包括天王殿、三圣殿、普贤阁、五龙壁、大雄宝殿。

五、杭州（临安）

五代十国时期,江南吴越国定都杭州,经营 70 余年。在唐宋之间的社会纷乱之中,江南吴越国保持了相对的稳定,经济、文化得到了很大的发展进步。平民出身的吴越君主钱镠有意借助佛以神化自己,在其国内推崇佛教,在杭州兴建 150 多座寺院与数十座塔幢。西湖周边洞窟雕凿大量佛像,这些造像主要分布于西湖南山石窟群和飞来峰石窟群,从题材上明显可见当时净土宗、禅宗思想的影响,造像风格承袭晚唐,兼具明显的江南特色。

宋室南迁以后,建炎及绍兴年间,杭州几度遭兵燹,寺院也随之受到严重破坏,一度出现佛教冷冷清清的局面。随着杭州行在地位的确立,社会经济逐渐恢复,北方僧尼大量南迁,在朝廷和大众的合力推动下,杭州的寺院建筑再度兴盛起来。

南宋末年成书的《梦梁录》所记载的杭州城内外寺院共计 486 所,杭州寺院分布密集,不同区域略有差异。城内因面积所限,寺院绝对数量比城外少;城内外寺院数量比辖县多;西湖和府城南北两端寺院数量最多,府城东郊次之,西湖西岸最少。

杭州寺院的地理分布与自然风光和社会环境有密切关联。景色优美的城市环境,使杭州名寺都具有得湖山之胜的共同特征,西湖和城南北两端寺院分布最密集;而经济繁荣、人口密集的府城东部与西湖关联度较低的区域,寺院数量与人口数之比却偏低。不过人口基数大还是会导致佛寺数量上的增加,官宦富裕阶层聚居区域也与佛寺密集区重合或靠近。

南宋所设禅院五山十刹制度,杭州的径山寺、灵隐寺、净慈寺占据五山三席。径山寺居五山之首,初建于唐中期,位于临安县北 40 里的今余杭县的径山之上,南宋初,高僧大慧宗杲曾居此,带动了寺院的兴盛。灵隐寺位于杭州城西部的武林山,初建于东晋,经历数度损毁重建,现存寺院规模远不及南宋时期。

六、建康（南京）

六朝古都建康是持续时间最长的都城,也是其最突出的特点。从东晋建国（公元 317 年）开始,虽经政权更迭,连续作为东晋、宋、齐、梁、陈五朝国都长达 272 年,一直是南方的政治、经济、文化中心。建康文化的持续性是中国其他都城所无法比拟的。

东汉佛教初传时期，南方也已经有了传播，出现了浮图祠。三国吴主孙权在都城建业迎来西域高僧康僧会，并兴建了江南第一佛寺——建初寺，在此之前已有佛教译经名家支谦南渡来到建业翻译佛典。东晋时期，江南佛教再度兴盛，建康城的佛寺建造热潮延续南朝四代，成为名副其实的南方佛教中心。

东晋建都建康，为佛教发展提供了相对稳定的社会环境。因为战乱，中原驱使一些名僧不断向江淮一带迁移，以江南佛寺为基地译经传法。东晋帝王、士族多崇信佛教，结交高僧，施舍建寺。唐代道世著《法苑珠林》记载："东晋一百四载，立寺一千七百六十八所；译经二十七人，二百六十三部；僧尼度二万四千人。"据唐代法琳所著《辩正论》卷三统计，南朝刘宋时期有寺院 1913 所，僧尼 36000 人；萧齐时期有寺院 2015 所，僧尼 32500 人；萧梁时期达到鼎盛，有寺院 2846 所，僧尼 82700 余人；侯景之乱的毁灭性破坏，使寺院大幅减少。但陈朝又恢复至寺院 1232 所，僧尼 32000 人。建康作为都城，僧尼云集，梵刹林立。著名的佛寺有建初寺、长干寺、瓦官寺、同泰寺、栖霞寺等。法琳的《辩正论》卷 3 引《舆地图》和唐道宣的《续高僧传》卷 15《义解篇·综论》都有六朝建康城佛寺 700 余所的记载，有名可考的佛寺 226 所。极端的例子是南梁武帝佞佛，舍身出家，将大量财富转移给寺院，上行下效，把佛教的社会地位推向极致。

六朝建康的城市规模，无论是占地面积还是人口数量，都远大于北方的洛阳和邺城。佛寺的分布也十分广泛，北南幕府山至牛首山，东西栖霞山至长江边，均有佛寺。城内外的鸡笼山、覆舟山、石子冈、栖霞山、牛首山、雨花台、钟山等名山都有佛寺占据，而以钟山的佛寺最为密集。市民居住区域与佛寺交织在一起，"南朝四百八十寺"渗透于城市的细部空间。建初寺居于佛陀里，竹园寺、定林寺位于蒋陵里，长干寺居长干里，蒋山寺、本业寺居蒋山里，定阴里有惠日寺，太清里有解脱寺，斗场里有道场寺。

六朝佛教的兴旺、佛寺的建造，和当政者的支持倡导有密切关系，仍然是其对政治和经济的依赖性的表现。社会浓厚的佛教氛围催生造寺运动，佛寺在注入新的功能中发生适应性改变。而战争离乱又不可避免地造成佛寺衰败，佛教和寺院的生存状态依赖于社会环境。

在与社会的不断交往中，佛寺扮演了更为重要的角色，讲经、斋会、法会等活动的不断增多，增加了普通民众与佛寺的亲密接触。除宗教职能外，佛寺还发展出了政治、屯兵、寄居、避世隐居等社会功能。佛寺分布的变迁改变了建康土地的使用状况，佛寺与中国本土祠庙的互动，更加形象直观地展现出外来宗教与本土信仰的冲撞和交融。

明万历年间，葛寅亮撰写《金陵梵刹志》，对南京寺院建筑的沿革、制度、文献等做了收录整理。书中记述大刹3所、次大刹5所、中刹32所、小刹120所，是研究南京佛寺与佛教史的重要文献。六朝以后，南京寺院遭受毁废，七百多年后，明代再建都城于此，佛教与佛寺以另一形态重回繁荣。

明洪武年间，明太祖通过修缮、迁建、新建、赐额等方式，建灵谷寺、天界寺、天禧寺、能仁寺、鸡鸣寺国家五大寺院。天禧寺即东晋建于城南聚宝门外长干里的长干寺；灵谷寺为紫金山玩珠峰南麓蒋山寺迁建而来；天界寺原名龙翔集庆寺，为第一大刹，是国家寺院最高管理机构僧录司之所在；能仁寺也是从城西门外迁至城南聚宝门外；鸡鸣寺则是在鸡鸣山新立寺院。太平门外四十里栖霞山上始建于南朝的栖霞寺，经历朝几度兴废，明初受赐寺额、僧田，成为与五大寺并列的佛寺。除了皇家支持建造的佛寺，还有僧人主持建设的一批寺院。《金陵梵刹志》记载的新建寺院包括兴善寺、千佛寺、观音阁、真如寺、苜蓿庵、栖隐寺、慧照院等；重建寺院有多福寺、高座寺、慧光寺、庄严寺、普济庵、紫草寺、山海院、后黎寺等。

明成祖迁都前，还在原建初寺基址上兴建大报恩寺。其规模极其宏大，在明成祖去世后才竣工。寺院按皇宫规格营建，殿阁30多座、僧房148间、廊庑118间、经房38间，被称为史上最大规模、最奢华佛寺。永乐帝在卢龙山麓兴建国家大寺静海寺，以褒奖郑和下西洋之功。永乐帝还支持新建、改扩建的寺院有吉祥寺、观音阁、回光寺等。

受明成祖带动，永乐年间，皇室人员和太监也纷纷进行佛寺建造活动，北门唱经楼、经厂庵、清凉寺、王姑庵、佑国庵、普光庵等一批佛寺在城内出现。僧人新建、改建的寺院有三塔寺、三山门唱经楼、永庆寺、华严寺、光相寺等。

迁都以后，金陵佛寺的建造虽然失去了皇权层面的推动力，但因其有较好的佛教传统，作为江南重镇，经济、文化发达，寺院建筑的建造一直延续至明代后期。

七、北京

北京在辽代是"五京"之一的南京城；金代为中都；元代定都于此，建元大都，确立了北京城的基址；明成祖迁都所建京师，即为延续至今的北京旧城；清代沿用明代，北京城作为首都。

北京佛教达到繁盛是从元大都时期开始，延续到明清，民国初年走入衰落。元朝是地域跨度极大、汇集多民族的国家，在宗教信仰上统治者实行包容和现实的策略，对佛教、道教、基督教、伊斯兰教等宗教均予以认可，形成了多宗教并存的社会状态。元朝君主对藏传佛教格外尊崇并加以扶持，忽必烈将藏传佛教萨迦派祖师八思巴奉为帝师，给予崇高的地位。在京畿地区，藏传佛教和汉传佛教的发展及社会影响都出现一片繁荣的景象。元政府于至元廿五年（公元 1288 年）改总制院为宣政院，掌管全国佛教事务，统辖藏区军政，进一步加强全国佛教管理。元大都的佛教中心地位也得到确立。

藏传佛教佛寺自元代起在北京开始建造，尼泊尔僧人阿尼哥随八思巴来到北京，带来藏传佛教寺院营造技艺，至元九年（公元 1272 年）主持兴建大圣寿万安寺，基址选在辽代佛塔遗迹所在地，寺中喇嘛塔历时 8 年先于寺院完成，寺院建设工期为 16 年。这里成为元代皇家寺院，兼有百官习仪、译印蒙文、维吾尔文佛经之功能。所建白塔，存留至今。白塔即位于今北京西城区的妙应寺白塔，通高 50.9 米，通体底座面积 1422 平方米。其自下而上为须弥座、覆钵、相轮、塔刹，建筑体量庞大，通体洁白，在古代城市中，是极为突出醒目的佛教景观，为现存最大的元代喇嘛塔。

至元二十八年（公元 1291 年），元世祖指令再建两座喇嘛塔，忽必烈的皇后倡建大护国仁王寺。元仁宗时在旧南城修建大兴教寺，寺内配置帝师殿。大德九年（公元 1305 年）在鼓楼东侧建大天寿万宁寺。元代诸位君主都要为自己建寺，用于其前往做佛事，身故后，于寺中供奉其肖像。大圣寿万安寺为元世祖所建，大天寿万宁寺为成宗所建；其后，武宗建大崇恩福元寺、仁宗建大承华普庆寺、英宗建大永福寺、大昭孝寺、文宗建大承天护圣寺、明宗建大天缘延圣寺。

元代以藏传佛教为国教，对汉传佛教给予扶持。统治者取消了金代对佛寺创建的限制，使造寺之风日盛，在元大都，帝王及官、私、僧众所建的寺院达数百座。

元大都汉传佛教主流仍为禅宗。天台、华严、法相和律宗等宗兴衰交替，其代表寺院多为辽、金遗留古刹，且多集中于辽、金都城旧地。

明代基本延续元代宗教政策，重用藏传佛教领袖，维持与藏区的和谐关系。迁都北京后，藏传佛教再次兴盛。明初对于佛教制定的整顿、限制和保护提倡的政策，在迁都北京后仍然沿用，除藏传佛教外，汉传佛教也得到支持和发展。

历朝都城佛寺兴建的潮流，大多是由帝王之家倡导和带动起来的，明代帝王、皇室成员崇信佛教，宫中常设用于佛教活动的建筑，设立汉经厂、番经厂、西天经厂举办法事、译经、刻经和收藏经书；建英华殿、隆德殿、弘庆殿供奉佛像兼做法事；建大善殿藏佛骨等"法物"。正德年间，宫城内的西区新建护国寺、镇国寺两座藏传寺院建筑。皇城内还有宦官、各衙署所建佛寺，如皇城东北有钟鼓司所属钟鼓寺、织染局的华严寺等；皇城西部有司礼监大藏经厂经板库的三佛庵、惜薪司的双节寺、兵仗局的万寿兴隆寺等；北部北安门内有司设监的慈慧寺、内官监的大佛堂等。

围绕皇城的中城九坊中，明照坊有法华寺、法华寺别院，保大坊有草场尼寺、幡竿寺、延禧寺，仁寿坊有永兴讲寺、大隆福寺、灵境寺，仁寿坊有大隆福寺，大时雍坊有观音堂、五显禅林庙、观音寺、观音大士庙、地藏庵，小时雍坊有大兴隆寺、龙泉庵、崇宁庵、观音寺、涌泉庵，安富坊有崇圣寺、普恩寺、观音堂，积庆坊有保安寺、兴化寺、大永昌寺、嘉兴寺、小福祥寺、旃檀寺。

东城南部的明时坊有华严禅林、慈云寺、惠河寺、八付庵、延寿庵、般若庵，黄华坊有宝庆寺、智化寺、维摩庵、清泰寺，思诚坊有昭宁寺、水月寺、证因寺。其中智化寺为宦官王振舍宅而建，布局规整、规模宏大，曾经显赫一时，是北京地区保存最完整的明代佛寺之一，是首批全国重点保护文物单位。

东城北部的南居贤坊有福安寺、观音寺、正觉寺、慧照寺、承恩寺、圣姑寺，北居贤坊有复礼寺、柏林寺、圆宁寺、报恩寺、灵藏寺、万善寺、千佛寺、金太监寺、慧观寺。

出城后，朝阳门外寺院建筑分布较多，有观音寺、延寿塔寺、玄明宫佛殿、灵惠寺、通法寺、观音阁、常庆寺、隆寿寺、海惠寺、月河梵苑。东直门外仅有华光寺。朝阳关外六里有宦官李朝等重修的翠林寺。朝阳门东10公里郑村坝，有观音庵、灵应寺、慈慧寺、广济寺。

城外，东部多平原，缺少山川景致，而西部多山，风景优美，是僧人热衷的建寺之地，因而造成西部佛寺分布较多的状况。

城内的西城东部的阜财坊有佛寺 23 所，包括石灯庵、真如寺、宝安寺、承恩寺、双河庵、护国寺、华严庵等。咸宜坊中有大能仁寺、石佛寺、万松老人塔寺、小石佛寺，鸣玉坊有弘慈广济寺、普庆寺、宝禅寺、普济寺、万善寺、正法寺、广宁寺、观音寺、常明庵等 19 所寺院。

西城西北部日中坊有弥陀庵、永泰寺、弥陀寺、万宁寺、瑞云寺、太平寺、广济寺、万福寺、延寿寺、弥陀庵、慈恩寺等 38 所佛寺。

西城西部的金城坊有莺蜂寺、大乘寺、观音寺、三元庵、普照寺、铁佛寺等 16 所寺院建筑，河漕西坊有妙应寺、翊教寺、祝寿寺、崇兴寺等 11 所佛寺，其中妙应寺即白塔寺，为元代大圣寿万安寺，明代多次重修。朝天宫西坊有十方禅院、朝阳庵、青塔寺、弘庆寺、净因寺、护国华严寺等 12 所佛寺。

城外，西山以东，西直门外是明代佛寺集中区域，阜成门以西有连接西山的通道，两侧也有大量佛寺。西直门、阜成门到西山之间，佛寺林立，西直门外有明光寺、演梵寺、三教庵、广隆寺、昭化寺等，阜成门外有昭应寺、慈明寺等，西直门外 1 里有广通寺、海潮庵、西方三圣庵、慈献寺等，阜成门西 1 里有衍法寺、宝塔寺、广通寺、海潮庵等，西直门外 2 里有地藏寺，阜成门外 2 里有永隆寺、广慧寺、兴教寺等，西直门西 3 里有大慧寺、永安寺，阜成门西 3 里有广福寺、福宁寺、西域寺、圆广寺等，西直门、阜成门西 4 里白石桥有真觉寺、镇国寺、普觉寺等。其中真觉寺为明宣宗为印度密僧修建的塔院，成化年间重修，建金刚宝座塔，有塔五座，又称五塔寺，为首批全国重点保护文物单位。西直门、阜成门西 7 里有万寿寺、三笑庵、静妙庵、摩诃庵、慈寿寺等寺院，其中万寿寺、慈寿寺为皇家寺院。

西山地区是明代寺院建筑的密集区，都城西 20 里韩家山有护国寺、延寿寺，瓮山有圆静寺，翠微山有大圆通寺、龙泉庵、龙广寺、接待寺等，黄村有顺天保明寺、见香园寺等，寿安山有寿安寺、广应寺、广慧庵等，西湖一带有大功德寺、广慈寺，西山有洪光寺、兴安西山坟寺、西山塔院、佛光寺，北务东村有昭化禅寺，北务村有华严寺，鲁郭村有圣寿大慈寺。此外，向西延伸百里，屡有新建、修建佛寺。

城西 40 里翠微山法海寺中大型壁画的艺术成就极高，为现存明代壁画瑰宝，可与敦煌壁画、永乐宫壁画比肩。香山有永安寺、碧云寺、莺峰庵三所佛寺，碧云寺为元刹，天启年间宦官魏忠贤重修。

城西 60 里马鞍山的万寿寺为唐代慧聚寺，以寺内戒坛著称，又名戒台寺，宣德年间由宦官重建。城西 70 里有潭柘山、妙高峰，潭柘山有龙泉寺、雀儿庵。龙泉寺前身即嘉福寺，始建于西晋，为北京最早的寺院建筑，明代得到皇室、宦官的多次修缮。

西山地区的佛寺，连同阜成门、西直门至西山之间的寺院，达到 300 多所，占到明代北京佛寺总数约 40%。西城城内各坊有佛寺 120 余所，西部地区寺院数量占到北京佛寺总数约 55%，是京城佛寺分布最密集区域。

南城各坊佛寺数量较多，以宣北坊、白纸坊以及城外卢沟桥等更为突出。南城中部正东坊有天庆寺、清化寺等 11 所佛寺，正西坊有万善寺、延寿寺等 7 所，正南坊有万明寺、慈悲庵等 8 所。

南城东部崇北坊有隆安寺、万唱寺、天龙寺等 11 所寺院，崇南坊有华严寺、法藏寺、圆觉寺等 12 所。

南城西部为辽南京、金中都故地，古刹较多。宣北坊有佛寺 27 所，宣南坊有 8 所，白纸坊有 14 所。

南城永定门外有圆通寺，左安门外分中寺村有圆通寺，马家村有海会寺，东皋村有鸾禧寺。

明代南城各坊有记载佛寺 98 所、城外 69 所，共 167 所，占到北京佛寺总数的 21%。

北城的日忠坊是五城区各坊中佛寺数量最多的。北城东部的教忠坊仅有一座佛寺，崇教坊有惠明寺、极乐寺等 6 所，昭回靖恭坊有圆恩寺等 3 所，金台坊有吉祥寺、法通寺等 5 所。北城西部日忠坊西北为积水潭，附近有稻田千亩，是京城内风景最好的坊区，佛寺达 44 所，其中多有名寺。发祥坊有弘善寺、白米寺等 7 所佛寺。

出城向北，安定门外有崇化寺，德胜门外有宏慈寺、王庸寺、大胜寺等。北城外共有佛寺 14 所，北城佛寺有 80 所。

明代北京五城中，西城、南城的佛寺分布最密集，中城、东城、北城的寺院建筑相对稀疏。五城中，明确区位的寺院，中城有 29 所、东城有 44 所、西城有 431 所、南城有 167 所、北城有 80 所、共 751 所。另有 35 所无区位记载[①]。

明前期北京尚未建都，佛寺修建的势头平缓，建寺不多；中期以后，进入发展

---

① 何孝荣.明代北京佛教寺院修建研究：下［M］.天津：南开大学出版社，2007：683.

阶段，佛寺大量增加；明后期，嘉靖、万历年间建寺院还比较多，之后随国家大势一起衰微，走入低潮。

明代创建和修建寺院建筑的主体，包括帝王、皇室、宦官、僧侣及士庶各阶层。帝王、后妃们的倡导和投入在造寺运动中起了主要作用，宦官是一只重要的推手，而僧人和士庶阶层更是积极的加入者。

在空间分布上，据文献统计，明代北京内城中西城佛寺最多，南城次之，北城、东城、中城依次减少。在各城内部，中城东部各坊的佛寺较少，西部、南部、北部各坊的佛寺稍多；东城南部各坊的佛寺稍少，而东北各坊以及朝阳门外、城东郑村坝稍多；西城佛寺以阜财坊、鸣玉坊、日中坊、金城坊以及城外的高粱河沿线、西山地区最密集；南城佛寺以宣北坊、白纸坊以及城外西南的卢沟桥等地居多；北城佛寺较少，唯有日忠坊是内城各坊中佛寺最多、最密集区域。宫城、皇城还设有部分准佛寺，有佛像、建筑，无僧人。

明代北京有建寺年份记载的寺院中，新建的占总数的 40%。虽然有明代禁止私创佛寺院的说法，但是明代北京诸多新建寺院的比例却不低。北京内城可统计的佛寺 786 所，加上宫城、皇城中的准佛寺，超过 800 所；还有几百所被拆毁的大小寺庵，总数很可观，远超过辽、金、元各朝。反映出即便在全国尺度和千年历史时段下衡量，佛教在明代北京的发展也到了一个高峰。

清代对佛教基本延续明代接纳与适度限制的做法，而明末开始的寺院建设的疲态，随着佛教的式微清代依然继续。人口增加、土地和劳动力资源紧缺，加上政府限制佛寺扩张的策略，使佛寺的生存空间和生存状况比明代有所不及。

明代北京遗留下来的大部分佛寺足以维持都城佛教平稳繁荣的基本面。清朝帝王的佛教信仰，更倾向和倚重于藏传佛教，其佛教政策是政治治理，特别是边疆治理的组成部分。皇帝在京畿地区敕建的寺院，都以喇嘛寺居多。

满人进京后，见于记载最早的寺院建设为净住寺和察罕喇嘛庙。净住寺为明代佛寺改建，察罕喇嘛庙为从沈阳来京的察罕喇嘛在德胜门外校场自行修建。顺治八年（公元 1651 年），在安定门外镶黄旗教场北为五世达赖喇嘛驻锡，修建东黄寺，第二年又建西黄寺。其间修建的喇嘛寺还有永安寺和普胜寺，永安寺位于西苑万寿山，为喇嘛诺门罕驻锡地。

康熙四年（公元1665年），改建太液池西南岸明代清馥殿为喇嘛庙，命名宏仁寺；

康熙三十年，为孝庄太后祈福，在南苑建永慕寺；康熙三十三年，将睿亲王府改建为麻哈噶拉庙；康熙五十年，在地安门内三眼井东，为章嘉呼图克图活佛建嵩祝寺作为其在京驻锡之所；康熙五十二年，在热河为来朝的蒙古诸部建溥仁寺和溥善寺；康熙六十年，在双黄寺西北建资福院；康熙六十一年重修元代崇国寺，更名大隆善护国寺。

雍正元年（公元1723年），将西华门外北长街康熙帝避痘之所改为寺院，名为福佑寺；重修东四大街西面的隆福寺；改建安定门外辽萧太后宫殿为喇嘛寺，即达赖喇嘛庙。

乾隆年间，在万寿山东三里河建正觉寺；乾隆二年（公元1737年），在朝阳门外喇嘛寺胡同东兴建三宝寺；乾隆十一年，在西苑太液池东五龙亭北建阐福寺；乾隆十四年，在香山修建梵香寺；乾隆十五年，于香山建宝谛寺；同年，为皇太后祝寿，在清漪园建大报恩延寿寺。乾隆十八年，在阜内大街白塔寺旧址上重修妙应寺；乾隆二十年，在清漪园建须弥灵境与香岩宗印之阁，合称后大庙；乾隆三十五年，修缮位于万寿山青龙桥西的元代寺院功德寺；乾隆三十六年，在玉泉山修建妙高寺妙高塔；乾隆三十八年，于圆明园绮春园建喇嘛庙正觉寺；乾隆四十二年，在畅春园雍正年所建恩佑寺南侧，效南苑永慕寺建恩慕寺。

乾隆九年，改雍正行宫雍和宫为喇嘛庙，以此巩固与蒙藏传佛教人士的联系，加强对藏传佛教的管理。清政府对雍和宫实行特殊寺庙的管理，其主持人直接从藏区选派，蒙古各部遴选人才来此学习，蒙藏喇嘛共处。

清政府在热河也修建了多座喇嘛庙。乾隆二十年，为朝觐的卫拉特部落依西藏三摩庙之式建普宁寺；乾隆二十九年，建格鲁派寺院安远庙；乾隆三十一年，建普乐寺；乾隆三十六年，为赞扬土尔扈特东归，仿布达拉宫建普陀宗乘之庙；乾隆四十年，仿山西五台山殊像寺建承德殊像寺；乾隆四十五年，为接待六世班禅赴京参加祝寿，在北京香山静宜园建宗镜大昭之庙，同时又在承德为其建须弥福寿庙驻锡；同年，承德建广缘寺。

第三节　圣山道场

古印度佛教里就存在佛徒以山林为家、树志立业的修禅方式。早在公元前3世纪部派时期，便产生过制多山部、西山住部、北山住部、雪山部、密林山部等因居于山林而得名的部派。在佛教起源和发展过程中，山林不仅被蕴含在教理与教义之中，而且融进了僧人的起居与修行。

佛教在中国的本土化过程中，屡屡与道家道法自然、儒家天人合一和文人寄情山水等思想交集、涵化，也触发了佛教山岳信仰意识的觉醒，从而依托名山胜景中自然和人文的气场，追求佛教更高的境界与理想。作为名山的地理条件，一要符合经典描述的地理特征；二是必须具有建立众多寺院的空间，能够成为清净的修行道场。

宗教在中国汉地的政治地位，从来没有走出受制于皇权的境地，这也是佛教集团远离政治中心布局发展空间的动因之一。历史上出现的战乱、权力更迭以及毁寺灭佛事件，在城市，尤其是都城，受到的冲击和影响更为剧烈。远遁山林，免遭涂炭，不失为一条自我保全的有效思路。

佛教初传时期，即有僧侣效仿佛陀、道家，择山林中清幽之地修建佛寺，作为寻求解脱、净化的修炼场所。传说东汉永平年间，天竺僧摄摩腾和竺法兰因五台山貌似印度灵鹫峰，便在此建大孚灵鹫寺。

早期佛教因为社会影响尚不广泛，传法的主要区域往往依附于政治、经济、交通条件优越的城市及周边地带，即便是山林佛寺，也多在靠近城市的便利之地选址。东晋十六国，佛教的扩展在社会普及和地域跨越上都显现出强劲的势头，其对于名山胜景的回归意识被唤起；佛教的静心清修，恰与远离尘世的山林结缘。至南北朝，佛教名山已有数十座，遍及各地，但是还未形成一个地理空间上的佛教名胜的社会认知。

在唐代，汉传佛教彻底完成了中国化进程，宗派体系得到确立，进入了发展繁盛时期，这也为佛教名胜地理格局的形成奠定了基础。

天台山和五台山在入唐求法的日本僧人中受到推崇，提升了两座名山的声望地位。南宋禅院的"五山十刹"之制，虽是对寺院等级的划定，同时也建立了佛寺分布的空间格局概念。明代，兴起参拜名山的热潮，道教打造了五岳、太岳的名山地理体系，促使佛教不断强化其宗教圣山在全国范围的空间格局和领地意识。

佛教圣山以五台山、普陀山、峨眉山、九华山、鸡足山、梵净山为代表，分布于各地，形成区域性佛教文化中心。其影响力往往超越地域所限，甚至举世闻名。

山西五台山、浙江普陀山、四川峨眉山、安徽九华山并称佛教四大名山，分别为文殊、观音、普贤、地藏四位菩萨的道场，也是风、水、火、地四大结聚。其中，文殊以大智、观音以大悲、普贤以大行、地藏以大愿而具各自特征。

菩萨信仰是大乘佛教中国化以后形成的特色，早期大乘经提到的四大菩萨，并非特指。其中，文殊信仰是最先兴起的菩萨信仰，在《华严经》等大乘经典的影响下，文殊融合普贤，在观音菩萨加入之后并称"三大士"。唐代，文殊道场五台山与普贤道场峨眉山确立为佛教名山。明代后期，"三大名山"逐渐确立，特指五台山、峨眉山和普陀山的组合；几乎同时，民间也出现了"四大名山"之说。清初至清后期，"四大名山"开始被广为流传，其组成的佛教名山体系也固定下来。"在中国佛教文化中，著名的菩萨都有自己的应化道场，并在此基础上形成了应化道场信仰，亦即佛教名山信仰。信众不仅崇仰菩萨，而且崇信菩萨道场，可谓是信仰的一种转化。"[①]

一、五台山

五台山位于山西五台县的东北边界，有少部分延伸到相邻的代县、繁峙和阜平县内，佛家谓之清凉山。向北近望恒山，远眺塞外，属太行山脉的北端，也与恒山山系彼此缠连。其由一系列山峰组成，其中五座主峰峰顶平如台地，故名五台。其中北台峰顶海拔 3058 米，为华北地区最高峰。流经五台山核心谷地的清水河，为滹沱河支流，最终注入海河；区域内最主要的干线道路和这条水流始终是并行的；主要的寺院多数沿这条水流和干道分布。

整个五台山地区的高程在 900~3000 米之间，五峰之间地带被称作台内。有东、西、南、北四个方向的山门进入台内：东门为河北阜平县的龙泉关；西门为五台、繁峙两县交界的峨峪岭；北门为鸿门岩；南门大关分为三层：第一层虎牢关，第二层阁子岭，第三层褴阳岭。五台山的中心位置与大同的直线距离约为 250 里，与太原相距约 300 里；古代从这里去往大同要越过恒山，道路迂回漫长；而去往太原则可以走太行与吕梁山脉之间的盆地中与滹沱河上游并行的道路，相对便利一些。

文殊菩萨在佛教中代表智慧，与毗卢遮那如来、普贤菩萨一起被尊称为"华严三圣"，为释迦牟尼佛的左胁侍；生于舍卫国，跟从释迦牟尼出家，在大乘佛教中

---

① 景天星. 汉传佛教四大菩萨及其应化道场演变考述［J］. 世界宗教研究，2019（4）：64.

享有很高的地位。传说在过去世，他曾为七佛之师，因而其智慧被喻为三世诸佛成道之母。文殊菩萨的形象有草衣文殊、僧形文殊、童形文殊、渡海文殊等。最常见的是左执青莲花，右持智剑，以狮子为坐骑；性别更近于女性，非男非女。早期画像中，文殊唇上有蝌蚪形的小胡子，宋以后更加女性化。童形文殊头戴五髻宝冠，表示内证五智；五髻也是将五台作为文殊道场的重要因缘之一。

相传佛陀生前曾经预言，未来文殊菩萨将在中国的一座五顶山为众生说法。五顶山便是五台山，也称为清凉山。尽管文殊信仰在印度和西域等地并不盛行，但南北朝以后，文殊信仰以五台山为中心在汉地逐渐兴旺起来，并传至西藏、蒙古、日本等地。

在唐代就有佛教在东汉明帝时期传入五台山的传说，然而东汉的佛教传播范围只在少数都城大邑，五台山区交通不畅，去长安、洛阳十分遥远，传法高僧专程来五台山的概率很小。唐代慧祥所著《清凉传》是最早记述五台山佛教历史的专书。书中记载大孚灵鹫寺、清凉寺为北魏孝文时所立，五台山与北魏都城平城只隔一道恒山，并不偏远，五台山佛教始于北魏，有很高的可信度。相传魏孝文帝曾赴五台山，于灵鹫寺外设十二院。北齐时期，帝王崇佛，在五台山台内建200余座大小佛寺；隋文帝时期，五台的山顶分别建造一座寺院。唐代的五台山被佛教推至极高的地位，有寺庙360、僧尼3000，非常兴旺。但在唐代"会昌法难"和五代后周世宗灭佛事件中都未能幸免，两度遭受破坏，佛寺损毁严重，使五台山佛教趋于冷寂。宋代重修真容、华严、寿宁、灵境、大贤、法华等十座寺院，有所恢复；但宋金战争使五台山佛寺再度破败，而且持续的时间更长。

元代君主崇尚佛教，动用国家力量大力扶持五台山佛教，兴建佛寺。元贞元年（公元1295年），在五台山为皇太后建寺，竟以中书省下辖五台山附近的大都、保定、平阳、大同、河间等十路，为其提供人力物力保障。藏传佛教也在元代传入五台山，喇嘛寺和喇嘛塔也在这里兴建起来。

明代，朝拜名山的风气在全国蔓延，五台山为佛教名山之首，更加旺盛兴隆，成为北方最大的佛教圣地。清代，康熙、雍正、乾隆、嘉庆四朝皇帝曾多次登五台山朝拜，修建了多座行宫。皇权的极力推动，使蒙藏传佛教信徒对文殊菩萨和五台山的景仰达到极致，这种热度一直持续到民国时期。明清时期，五台山有喇嘛寺15所、汉传佛寺97所，僧尼千人。近现代佛教史上许多高僧大德，历尽艰辛也要前往五台山参拜名刹。五台山在佛教名山当中,是历史最悠久、保留佛寺最多且最完整、影响力持久时间最长的圣地。

五台山现存元代及以前的佛寺建筑遗迹有四处:始创于北魏、建于唐代的佛光寺大殿(文殊殿建于金代),建于唐代的南禅寺大殿,建于金代的延庆寺大殿,建于元代的广济寺大殿。台内有五大禅处:显通寺、塔院寺、殊像寺、罗睺寺、菩萨顶。而碧山寺、广宗寺、圆照寺、显通寺、塔院寺、殊像寺、南山寺、金阁寺、永安寺以及灵境寺又合称青庙十大寺。文殊寺、广化寺、集福寺、普乐院、慈福寺合称喇嘛寺的"佛爷五处"。五台山现有分布于台内外的寺院 50 余座,主要寺庙历来多位于台内。

显通寺是台内最重要的寺院,坐落在菩萨顶脚下的五台山中心区,是五台山规模最大、历史最悠久的寺院,其历史可追溯至东汉,为传说中西域高僧摄摩腾和竺法兰所建大孚灵鹫寺。明朝初年重修,御赐"大显通寺"匾额,现存 400 余间殿堂僧房多为明清所建。全寺占地 8 公顷。中路七座主殿为:观音殿、文殊殿、大佛殿、无量殿、千钵殿、铜殿、藏经殿。

塔院寺位于显通寺南,原为大华严寺塔院,明永乐年间与显通寺分立,寺内白色喇嘛塔为五台山的标志性景观。大白塔前身为慈寿塔,现存的大白塔于元大德六年(公元 1302 年)建成,传说已是晚年的尼泊尔建筑师阿尼哥参加了设计建造,原慈寿塔被置于大白塔腹内。明代,大白塔进行过大修,外貌有所改变。全塔总高 75.3 米,正方形塔基周长 83.3 米;在形制上与北京妙应寺白塔相近,覆钵式塔身通体洁白,形如藻瓶,被称为"清凉第一胜境"。塔院寺坐北朝南,白塔居中,前为大慈延寿宝殿,后为藏经阁。

罗睺寺位于塔院寺东,与显通寺遥平行;该寺始建于唐代,寺名源于释迦牟尼弟子罗睺罗。明弘治五年(公元 1492 年)重建,清代正式命名罗睺寺,并由汉传佛寺改为喇嘛寺。

大白塔东侧还有万佛阁,创建于明代,仅有文殊殿、五龙王殿、戏台三座主体建筑。文殊殿创建于明代,清代重修,两层建筑,下层供文殊、观音、普贤菩萨,上层供地藏菩萨。五龙王殿坐北朝南,与娱神的戏台相对;赶庙会时,众人在此观看戏剧。

显通寺北面灵鹫峰的菩萨顶,为五台山最大、最完整的喇嘛寺,传为文殊住地,又名文殊顶。菩萨顶创始于北魏，名真容院；原为汉传佛寺，清顺治年间改为喇嘛寺，参照宫殿规格建造，殿堂、楼阁、僧舍、禅堂等共430余间，用地3公顷。

万佛阁西南500米，为五大禅处之一的殊像寺，位于凤林谷的谷口，创建于元代，明代重修，主殿文殊阁供文殊菩萨巨像，高9.3米，为五台山之最。

黛螺顶与菩萨顶隔河相对，与台怀镇高差为400米，创建于明中期，明、清两代曾重修。

北台的最大佛寺为碧山寺，位于华严谷，创于北魏，原名普济寺、护国寺，清乾隆年间定名碧山寺，方圆1.6公顷，前院有天王殿、钟鼓楼、雷音殿、戒堂，后院为藏经阁、经堂、香舍。戒堂中的佛坛为北魏遗物，史上多位高僧在此驻锡。

南台分布的寺院比北台密集很多，规模最大的为台怀镇南两公里的南山寺。寺院依山而建，分七层，下三层为极乐寺，中间为善德堂，上三层为佑国寺，共300间殿堂。始建于元代，称"大万圣佑国寺"；清光绪年间重修，名为极乐寺。民国时将七层合为一寺，称作南山寺。

台外各寺地理位置偏僻，在社会变革和纷乱中所受影响和冲击较弱，建筑的演变相对迟滞，保留下更多的古风。全国最早发现的两座唐代木构建筑——南禅寺大殿和佛光寺大殿，都位于五台山台外地区。

南禅寺位于五台县城西南22公里，阳白乡李家村附近，在五台山的最南端；其大殿是全国已知的最早的木构建筑，建于唐建中三年（公元782年），为单檐歇山顶，三进、三开间，举折平缓，出檐深远。为了获得宽畅的内部空间而减掉了殿中央的四根支撑柱，仍能屹立1200多年，实在是奇迹。

佛光寺位于五台县城东北32公里的佛光山山腰，距台怀镇30多公里。史书记载佛光寺始建于北魏孝文帝时期，隋、唐两代声名远播，敦煌壁画中有"大佛光之寺"图。其三层七间的主体建筑弥勒大阁在"会昌法难"中被损毁。现存佛殿为东大殿，为唐大中十年（公元856年）重建。

佛光寺东大殿为单檐庑殿顶，七开间，阔34米；进深四间，深17.66米。柱网分内外槽，内槽后半区安座巨大佛坛，殿中35尊唐代彩塑分置于中间5开间：释迦佛居中，左弥勒佛、右阿弥陀佛，再左右分别为普贤、文殊菩萨。文殊和普贤的左右位次与一般寺院相反。佛光寺文殊殿为金代遗构，七开间、四进深，悬山两坡屋顶，为国内现存最大的配殿。

延庆寺位于五台县西 27 公里的善文村，现存大殿三开间，结构、形制与佛光寺文殊殿类似，为金代建筑风格。

广济寺位于五台县城内，《县志》记载其初建于元代至正年间，明、清两代曾做局部修缮。寺内东、西配殿奉观音和地藏，正中为弥陀殿，其后为大雄宝殿。始建于元代，为五台山仅存的元代木构。

二、普陀山

普陀山是杭州湾东南端、舟山诸岛中的一个岛，南北长约 7 公里，东西端间距约 4 公里，面积 12.5 平方公里，岸线长约 30 公里。东部海域，向西、向南距舟山岛、朱家尖岛两个板块是 4 公里左右，周边还有洛迦山、南山、小山洞、豁沙山、小洛迦山等一些小岛。

普陀山岛的平面呈菱角状，岛上有 20 余座大小山峰，位于岛北部的最高峰佛顶山，又名菩萨顶，海拔 288 米；其西为茶山，东为青鼓垒山，北为伏龙山，南东为锦屏山、莲台山、白华山，南西为梅岑山，主峰高程在海拔 100~200 米之间。洛迦山岛西距普陀山约 5 公里，大致呈三角形，是个面积不足 0.4 平方公里的小岛，岸线长 3 公里，山高 97 米。从普陀山岛看去，形如卧佛。

与舟山岛近在咫尺的古"明州港"曾经是一个国际商港，隋唐时期开通大运河以后，江南庞大的水运网络勾连北方地区，而明州正位于水网在东海重要的出口上，余姚、奉化、甬江三江在这里交汇。随着造船业和航海技术的发展，明州港的海上交通逐渐发达起来。隔海相望的日本、朝鲜与中国之间的海上航线，为彼此的商业、文化交流提供了便捷路线。明州把在钱塘湾口东南角，位于山东半岛以南东海海岸向外最突出的位置，在当时无疑是东海的关键地理地带。

从唐代开始，随着中国与日本、高丽航海线南移，明州港成为中国通往日本、高丽的重要港口。8 世纪以后，"遣唐使"多从明州、扬州登岸，去往长安。唐开元七年（公元 719 年），新罗僧侣金乔觉渡海来华求法，本欲在明州登陆，遇风浪，向南飘至临海上岸，折返去往南陵，辗转至九华山。

宋代，与明州海上贸易和交流最频繁的国家仍为日本、高丽。元代，庆元府仍是中国三大国际贸易港之一。宋代一条重要的出海航路，便是从明州出发，到达定海（今镇海），过虎头山（今虎蹲山），东至昌国（今定海）沈家门、梅岑（今普陀山），自此出海，入白水洋、黄水洋、黑水洋。

观音原称观世音，在唐代为唐太宗避讳，改为观音，其与大势至菩萨同为西方极乐世界阿弥陀佛的胁侍，合称"西方三圣"。众生遇难时，只要诵念观音名号，菩萨就会观其音而前往拯救，故称观世音菩萨。早在三国时期，观世音信仰便已传入中土；两晋以后，信仰大盛于世，东晋、南朝时南方曾出现大量观音菩萨应验事迹的撰述。观音成为汉传佛教中最深入人心的信仰，还富有浓重的本土特色。在古印度的佛像和中国早期造像中，观世音为男性，本土化以后，观世音信仰与道教"娘娘庙"信仰结合在一起，观世音成了"观音娘娘"。这一过程始于南北朝后期，唐代以后彻底约定俗成。

佛经中关于观世音菩萨住处的描述是娑婆世界，即南海普陀落伽山上，位于南印度东海岸。唐代咸通四年（公元863年），日本入唐求法的僧人慧萼从五台山请得一尊观音圣像，欲带回日本供奉。从明州出发，途经舟山群岛，因浪大，只得将圣像请上梅岑岛，该岛开始供奉观音。五代后梁贞明二年（公元916年）该岛兴建"不肯去观音院"，是其第一座寺院。之后，这里逐渐发展为中土的观音道场，称为"普陀"。

普陀山之名是在明代万历年间确定下来的。宋代，岛上只有"不肯去观音院"一座佛寺。宋神宗于元丰三年（公元1080年）下诏改建"不肯去观音院"为"宝陀观音寺"，专供观音。到南宋绍兴元年（公元1131年），改律宗为禅宗，岛上居民也悉数离开，普陀山岛成为佛国净土。

元代对普陀山更加重视，普陀高僧一宁禅师被任命为"江南释教总统"。元末，普陀山的佛寺已有很大规模。明代海寇猖獗，普陀山受到冲击，几起几落，但总趋势还是不断发展，在佛教中的地位和影响也在不断提升，万历年间，岛上已有大小佛寺200多所。

清初，普陀山的人气一度涣散，在康熙年间得到恢复，并进入繁盛。岛上除普济寺、法雨寺外，还有佛寺190多所、僧侣3000人。普济、法雨两寺拥有江南最富丽堂皇的佛教殿堂。清末有轮渡以后，交通条件的改变，使普陀山佛教获得更大发展。全岛有普济、法雨、慧济三大寺，8大院，85庵堂，148茅篷，数千僧尼。三大寺及主要寺院还在上海、宁波、台州、定海等地开设有"下院"。

普济寺位于白华顶南、灵鹫峰下，是从岛南端码头登岸后遇到的第一所大寺，称为前寺。普济寺是岛上最早的寺院，其前身即"不肯去观音院"，北宋时改为"宝陀观音寺"。明万历三十三年（公元1605年）重建，赐匾额"护国永寿普陀禅寺"。清康熙三十八年（公元1699年）改名"普济寺"。雍正九年（公元1731年），普济、法雨两寺大修后，建筑格局延续至今。普济寺占地3.7公顷，总建筑面积约15000平方米。寺前有东西200米宽的莲池，池上三座桥，取不同样式形态，或许寓意去往彼岸之路有不同选项。寺院中路从南至北依次为山门、天王殿、圆通宝殿、藏经楼、方丈殿；东西两厢有伽蓝殿、罗汉殿、禅堂、承德堂、梅曙堂；各类建筑共312间。

圆通宝殿为普济寺主殿，建筑体量高大，百人共堂不觉其宽、千人齐登不觉其挤，人称"活大殿"；所供毗卢观音像高6.5米，两旁端坐32观音应身。山门前坐落的万寿亭，建于康熙四十一年（公元1702年），供万历和康熙御碑；东西两旁为钟楼、鼓楼。

普济寺向西，经磐陀庵，过西天门，到达梅岑山山腰的梅福庵。梅岑山为普陀山岛南最高峰，因西汉隐士梅福在此修行而得名。梅福庵灵佑洞，相传为梅福炼丹处，洞内壁龛上供观世音和大势至等菩萨。

从普济寺北行2公里，途径月印池、悦岭、鹤鸣、大乘及杨枝等佛寺，可见普陀山第二大寺——法雨禅寺，前身为明万历八年（公元1580年）蜀僧大智所创海潮庵，后改名海潮寺。万历赐额"护国永寿镇海禅寺"。康熙年间重修，将南京明故宫物料拆件迁移至此，重建为圆通宝殿，赐额"天花法雨"，得名"法雨禅寺"。法雨寺坐落于普陀山岛向东伸展臂弯的山坳里，坐北朝南，背靠锦屏山光熙峰，左前方为千步沙海滩。寺前青玉涧诸水绕寺汇成莲池，池上海会桥连接山门。寺院依山而建，向北逐级抬升，中路六重殿宇为天王殿、玉佛殿、圆通宝殿、御碑亭、大雄宝殿和藏经楼。玉佛殿东、西侧为钟、鼓楼；圆通宝殿为7开间，进深5间，重檐歇山顶，与普济寺一样，用了黄色琉璃屋面，供奉观音菩萨像，左、右为十八罗汉像，又名观音殿；大雄宝殿供奉三世佛塑像；藏经楼位于法雨寺末端的最高位。

从法雨寺西侧登山，通往位于佛顶山山顶的慧济寺。明万历年间，圆惠在此创建慧济庵，乾隆五十八年（公元1793年），建圆通殿、玉皇殿及钟楼、大悲楼、斋楼，后扩庵为寺。清末火灾后重修，民国初年发展为与普济、法雨同等规格的寺院。与普济、法雨两寺不同，慧济寺主轴线方向坐北朝南偏西，依山势而建，南北进深方向很局促，中路仅有天王殿与大雄宝殿之间的一进院落，观音殿、大雄宝殿、法堂、祖堂、方丈殿均垂直于中轴方向一字排列。寺东面天灯塔为普陀山制高点，可远眺舟山群岛和东海，遇浓雾天气时，犹如仙境。

普陀山古地貌受海蚀作用影响，包含了海蚀海积阶地、海蚀地带。海蚀洞穴、海蚀巷道分布于海蚀崖脚，涌浪冲击使海蚀洞穴逐渐扩为海蚀巷道，散布在东南岸边的潮音洞、梵音洞和西方净苑前面的海蚀巷道都属此类。"不肯去观音院"的潮音洞和青鼓垒山东端的梵音洞，是传说中观音显身处。潮音洞因日夜吞吐海潮，发出雷声，故名"潮音"。头门外石壁有康熙三十八年所赐御笔"潮音洞"石刻。

洛迦山位于普陀山东南的莲花洋中，与普陀山合称普陀洛迦山。清末山上有妙湛、圆通、自在、观觉四座茅篷，后被毁，1980 年修复圆通篷，并先后建成土地祠、伽蓝殿、圆通禅院、大悲殿、大觉禅院、圆觉塔、闻思亭、妙湛塔等建筑。

东北小山上，以前建有天台灯，类似灯塔指引夜航，下为洛迦门，是唐至明清日本、朝鲜等国渡海来华的必经之地。

三、峨眉山

峨眉山位于四川盆地西边缘，距成都约 170 公里，为邛崃山南端余脉，被大渡河、青衣江一南一北夹持，两江东去，在距峨眉山东 30 公里处汇入岷江。峨眉山核心区 154 平方公里，在水文上属大渡河、青衣江水系，峨眉河、临江河、龙池河、石河发源于峨眉山，分别向东、南方向汇入大渡河和青衣江。

峨眉山位居西南，且昼有"佛光"、夜有"圣灯"，光明常在，佛教称之光明山。"峨眉"之名见于南朝《益州记》，西晋左思的《三都赋·蜀都》中有"引二江之双流，抗峨眉之重阻"之句，由此峨眉之名渐渐流传。《山海经》中的西皇人山、《三皇经》中的胜峰、西晋时《博物志》中的牙门山，应该指的都是峨眉山。

峨眉山包括大峨、二峨、三峨、四峨四座山。其中大峨山主峰金顶海拔 3077 米，最高峰万佛顶海拔 3099 米。佛教名山所指峨眉山为大峨山，以"秀"著称天下，身处横断山脉的东边缘；山高且险，随气象不同而富于变化。

普贤，梵文音译为三曼多跋陀罗，意译为普贤、遍吉。与文殊菩萨为释迦牟尼佛左、右胁侍，是以大行闻名的菩萨。《大乘经》称："普贤者，苦行也。"《华严经》提到："普贤之学得于行，行之谨审静重莫若象，故好象。"因此，峨眉山寺院中的普贤塑像多骑白象。

普贤作为等觉位菩萨，象征理、定、行，因而信、解、行、证一切普法，称为普贤。汉传佛教为"普贤"做出的解释是："普贤菩萨者，普是遍一切处，贤是最妙善义，谓菩提心所起愿行，遍一切处，纯一妙善，备具众德。故以为名。"[①]

峨眉山最初以道教闻名，在道教创始人东汉张道陵名下的《峨眉山灵异记》中，峨眉山作为轩辕黄帝访道处，被列为道教第七洞天。八仙之一吕洞宾的得道之处也在峨眉山千人洞。

佛教传入峨眉的时间，较为可信的是在东晋，改道教乾明观为佛教中锋寺，是峨眉山改道为佛的初始。隋唐时期，峨眉山佛教逐渐兴旺起来，道观相继改为佛寺；至清代顺治年间，随着最后一个道观纯阳殿的"沦陷"，峨眉山成为佛教独家的圣山。

佛教传入峨眉山之初，便在山上兴起普贤信仰；东晋慧持在此创建普贤寺，确立了峨眉山佛教未来的发展走向。中唐时，华严宗四祖澄观来此巡礼，并在《华严经疏钞》中称其为"普贤境界"，为峨眉山成为普贤道场打下理论基础。

在北宋，太祖下诏从成都将御赐普贤铜像送达白水普贤寺。明代，峨眉山盛行朝山之气，作为朝拜普贤的圣地，其佛教发展达到极盛，有佛寺80余座，较南宋翻倍有余，鼎盛时，僧尼达3000余人。清代延续了这一趋势，山上共有72庵、38寺、15堂、12阁、9殿、5楼、6院、13亭。

峨眉山的佛教建筑，以报国寺、伏虎寺、雷音寺、万年寺、洗象池等为代表，多因山形地貌而建，利用自然条件人工造景。汉传寺院建筑布局多坐北朝南，唯峨眉山佛寺多坐西朝东。只有金顶上的铜殿例外，坐东朝西，已在清代毁于火灾。

报国寺为进山所遇到的第一所寺院，为东侧的门户，也是峨眉山最大的佛寺。原名会宗堂，明万历年间创建，清康熙年间重修。寺院中路从东向西为：弥勒殿、大雄殿、七佛殿、普贤殿，逐级抬升。七佛殿建筑体量最大，所供七佛背面为一尊罕见巨型瓷佛，高2.47米，为明永乐年间景德镇烧制。

报国寺西南1公里为伏虎寺，初建于唐，宋代为龙神堂，因山上多虎患，寺僧建尊胜幢镇伏，改名伏虎寺。清顺治八年（公元1651年）重修，上下13殿。寺内藏有明正德三年间所铸14层紫铜华严塔，高6米，塔身刻《华严经》全文及4762

---

① （唐）一行《大日经疏》。

尊小佛像。

万年寺是峨眉山创建时间最久、地位最高、占地面积最大的寺院，位于观心岭下的一块平坦台地，由东晋名僧慧持创建，唐代改名白水寺，宋代名为普贤寺。明万历年间赐寺中无梁殿"万寿万年寺"之额。无梁殿原名普贤殿，正方形平面，高16米、边长15.7米，上半部为覆钵塔式殿顶，有5座小型喇嘛塔和4只祥兽。殿内的太平兴国五年（公元980年）普贤骑象铜像，高7.35米、长4.7米、重62吨，系宋太宗以黄金千两购买赤铜，在成都分段铸造，用畜力驮上山焊接而成。

洪椿坪又名千佛庵，寺前有千年洪椿古树，高7米，唐贞观年间栽种，300年前枯死；寺外溪边还保存另一棵唐栽洪椿树。该寺为明万历五年（公元1577年）创建，现存三殿。

另一古刹中峰寺，系东晋乾明观弃道改寺，北宋时曾为著名禅林，传说黄庭坚曾在此静修，清代两度遭火灾而衰落。

四、九华山

九华山位于安徽省的南部，东面毗邻太平湖，与黄山隔湖相望，西北与长江直线距离约35公里，也是阻隔长江南望视线的一条山脊。从九江到南京，长江走出一条西南指向东北的大斜线，而九华山正处于这条斜线正中央和制高点上。李白曾写道："昔在九江上，遥望九华峰。天河挂绿水，秀出九芙蓉。"虽不能完全确定是指九江地区，但仍可以想见当时在长江上泛舟遥望九华诸峰的情形。九华山无疑是这段交通命脉上的地理坐标，过了九华山，很快就进入了长江中下游平原和江淮平原大片开阔地。

九华山山势嶙峋嵯峨，相传有99峰，其中以天台、莲华、天柱、十王等九峰最雄伟，十王峰海拔1342米，为最高峰。九华山的得名很晚，汉代最早见于记载时，称陵阳山；之后又称九子山，其得名是因有"此山奇秀，高出云表，峰峦异状，其树有九"之说。作为地藏菩萨的道场，则来自新罗僧人金地藏的应化事迹。

江南地区因山水毓灵，东晋以后不乏佛教名山，庐山、栖霞山、天台山等先后名重一时，然而真正将江南佛教名山推向高峰的，是普陀、九华这两座名山的形成，有力地表明江南佛教在中国佛教发展中的重要地位。九华山位列佛教四大名山有一个较为漫长的历史过程。

地藏，梵语音为乞叉底蘗沙，意译为地藏，取地藏菩萨处于甚深静虑中、能够含育化导一切众生止于至善之意。地藏菩萨的本缘故事说法不一，有说他是一个大长者之子，有说他本是一个国王，还有说他本是一个女子。佛教中常以"众生度尽，方证菩提；地狱未空，誓不成佛"的宏愿，以及"我不入地狱，谁入地狱"的誓言形容地藏菩萨的慈怀悲悯。

隋唐以后，汉传佛教的地藏信仰极为兴盛。而且在唐中叶以后，还创造了属于本土的地藏菩萨。这位地藏菩萨俗家姓金，号乔觉，为新罗国王族。他生有奇相，"顶耸奇骨"，而且"特高才力，可敌十夫"，看起来像恶汉，但内心却藏着深深的慈悲。他出家后渡海来中国学法，在九华山被吸引，便留下精修苦行。信众大受感动，郡守为其建造寺院。不少新罗人听说后也赶来追随，其道大行。贞元十九年（公元803年）去世，据说寿年99岁，推算是公元705年出生。自此，他便成为汉传佛教的地藏菩萨，九华山便成为地藏道场。

《九华山志》和旧地方志所载的九华山初建佛寺时间为东晋，天竺僧人杯渡来九华山建茅庵，但这只是存在于传说之中。可能性更大的说法是南北朝时有僧侣到此静修，而九华山原为道教分布区。唐开元年间，原杯渡茅庵得到政府正式赐额，僧人檀号居之，不久被当地豪强焚毁。到唐代天宝年间，金乔觉到九华山东崖石洞静修，至德初年（公元756年）兴建化城寺，九华山香火逐渐兴盛。

至唐后期，在九华山和周边地区陆续兴修的佛寺已达22座，大多分布在九华山外围，且在唐"会昌灭佛"事件中遭到毁坏。宋代，九华山的佛寺得以恢复，并兴修一些大寺，分布重心开始向九华山中心地带迁移，还吸引了一批高僧驻锡于此。

明代九华山佛教有了更大发展，自明太祖时期开始，朝廷数次给九华山的佛寺院提供财力支持，并赐予佛经。上九华山朝拜之风也逐渐兴起，山上的寺院数量和规模不断扩张，明末时，已有正规寺院70余座，加上茅篷、精舍，总数过百。到了清代，九华山佛寺扩张势头不减，至清中期，寺院数达156座。数量增加的同时，寺院规模也大幅增加，仅化城寺的僧人就达三四千。

太平天国战争对九华山佛教的影响很大，如化城寺寮房由72家锐减至10余家。战后又有所恢复。清末，寺院约80余座，民国时期，恢复到与清中期接近的水平。现九华山有佛寺94座、僧尼800余人。

清中期前，化城寺为九华山历史最长、规模最大的寺院；至清末，祇园寺、甘露寺、百岁宫和东崖寺并称九华"四大丛林"。目前月身宝殿、祇园寺、化城寺、百岁宫、甘露寺、上禅堂、慧居寺、天台寺、旃檀林九座为九华山的重要佛寺。

九华山寺院在山中广为分布，两个相对集中的地点是九华街和闵园。九华街分布 20 多座佛寺，包括"四大丛林"中的三座；另有 7 座佛塔。九华街长 500 余米，为人流集散中心和交通枢纽。

祇园寺位于九华街的东北、东崖峰西麓，是九华诸峰入口第一大寺。原为化城寺的东寮之一，名曰祇树庵，始建于明嘉靖年间；清咸丰时期毁于兵燹，光绪八年（公元 1882 年）重建，开坛宣戒，拥有全山最大殿堂体量的建筑群。寺分三进，自西向东依次为门厅、天王殿、大雄宝殿。

化城寺为开山主寺、地藏菩萨道场，历史最悠久，位于九华山盆地的中心位置。东面为东崖、南面为芙蓉峰、西面为神光岭、北面为白云山。寺额年代为至德初年（公元 756 年），寺址为青阳乡绅诸葛节为金乔觉所购檀公寺基。建中初年（公元 780 年）建寺，规制居九华诸寺最高等级。明洪武二十四年（公元 1391 年）重修，为九华山总丛林；其后两度损毁两度重修。咸丰七年（公元 1857 年），除藏经楼，其余殿堂皆毁于太平天国战争。光绪十六年（公元 1890 年）再度重建。

化城寺坐北朝南，寺前有广场和半圆放生池。殿堂台基逐层抬升，从南向北依次为灵官殿、天王殿、大雄宝殿、藏经楼。藏经楼为明代遗物，珍藏九华山文物。

万年寺，又名"百岁宫"，建于明万历年间，名为"摘星庵"，崇祯赐庵名"百岁宫"。位于祇园寺东摩空岭山体上，顺应地形建造；寺内建筑白墙黑瓦，朴素肃穆。寺院坐北朝南，为 5 层建筑，融合山门、佛殿、月身殿、库院、僧舍、客房等功能为一体。万年寺于道光年间扩建重修，成为十方丛林。咸丰三年（公元 1853 年）毁于兵火，光绪五年（公元 1879 年）重建。

"四大丛林"中，历史最早、从金乔觉"宴坐岩"发展起来的东崖寺，于民国年间被毁。而甘露寺初创年代最近，位于九华山北面登山路中段的定心石，始建于清康熙年间。乾隆年间扩充殿堂，开坛传戒，成为"四大丛林"之一。道光和同治年间两度遭毁，不久又重修。现存大雄宝殿、配殿及寮房，坐南朝北，因山而建，灵活有变化。

九华街的重要寺院还有位于神光岭的"月身宝殿"，始建于唐。因安葬了金乔觉肉身，又称地藏坟。宋代建塔院，明代建殿护塔，万历年间赐额"护国肉身宝殿"。

清康熙年间重修殿宇，清末遭毁又复建。现存建筑为1990年代重建。

天台寺位于天台与玉屏峰之间，又名地藏寺，相传为金乔觉禅居之地。宋代建寺，明初成丛林，清代得到发展。道光年间荒废，咸丰年间被毁，光绪十六年（公元1890年）重建。现存建筑主要为1990年代所建。

栴檀林位于九华街西南，始建于清康熙年间，为化城寺72寮房之一。咸丰年间遭毁，光绪时重建。

净信寺据传说创始于唐初年，开元年间赐额，名称沿用至今。

第四节　南宋江南五山十刹禅院

五山十刹，是指在南宋中后期实行的官寺制度中高等级寺院，由南宋朝廷品定其辖内禅院的寺格等级，在此基础上予以认定。于南宋嘉定年间（公元1208—1224年）因权臣史弥远奏请而创立，应该是当时规模最大、地位最显赫的禅宗丛林。五山为十刹诸方的领袖，地位更高，包括：余杭径山寺，钱塘灵隐寺、净慈寺，明州天童寺、阿育王寺；十刹包括：钱塘中天竺寺、湖州道场寺、温州江心寺、婺州双林寺、明州雪窦寺、台州国清寺、福州雪峰寺、建康灵谷寺、苏州万寿寺和云岩寺。

关于五山十刹，在明代文献记载中很难找到，比较详细记载最早见于明初宋濂的两篇塔铭。《天界善世禅寺第四代觉原禅师遗衣塔铭》讲到："浮图之为禅学者，自隋唐以来，初无定止，唯借律院以居。至宋而楼观方盛，然犹不分等第，唯推在京巨刹为之首。南渡之后，始定江南为五山十刹，使其拾级而升。"《住持净慈禅寺孤峰德公塔铭》也有"逮乎宋季，史卫王奏立五山十刹，如世之所谓官署"的叙述。明代田汝成的《西湖游览志》卷三中记述净慈禅寺在嘉定十三年（公元1220年）复建时："宰臣建议，以京辅佛寺，推次甲乙，尊表五山，为诸刹纲领，而净慈与焉。"明释广宾的《上天竺山志》卷十二有："宋史弥远，四明人，当国日奏列五山十刹。"明郎瑛的《七修类稿·五山十刹》中也有与田汝成相同的叙述。另外，在日本也有关于中国禅院五山十刹的记载，但与明代所载寺院的名称和次第上有所不同。

元代南北统一以后，改变了南宋五山十刹只限于江南地区的状况，将其扩展至北方。元代在十刹以下，再设甲刹。在中国文献中未见元代甲刹的内容，关于甲刹的描述都来自于日本文献，其有元朝立三十六甲刹的记载。

关于五山十刹的可靠记载较少，且缺乏系统性，推断其应该是始于民间，由朝廷予以制度化，成为一种寺格等级。

五山十刹的奏立者史弥远，家世奉佛，对佛教甚为信奉和外护有加。确立的五山中，除都城杭州占据三处，其余两处都在史弥远的家乡宁波。五山十刹并非同时设置，而是五山设置先于十刹，史弥远所奏立者仅为五山，十刹为以后增列。在禅寺五山十刹之外，还有教寺五山十刹设立之说，但是只有明代一些含糊的记载，可靠性不强。

官署化的五山十刹制度，体现了南宋时期的政教关系基本处于良性状态，朝廷对佛教在总体上扶持，但是对佛教内部事务和荣誉价值观的干预及改造的程度，超过之前各个朝代。在寺院合法性的确认上，南宋汲取以往的经验，寺院管理制度比前代有所发展。

一、径山寺

余杭径山兴圣万寿寺为五山之首，唐天宝四年（公元745年），法钦禅师至径山结庵，为开山祖师。唐大历三年（公元768年），唐代宗下诏兴建径山寺。唐僖宗赐寺名"乾符镇国院"，南宋孝宗亲书"径山兴圣万寿禅寺"额。

径山主寺兴圣万寿禅寺以下，还有众多下院，南宋临济宗杨岐派高僧大慧宗杲及无准师范在此住持。宗杲禅师是两宋期间最有影响力的高僧，也是中兴径山临济祖庭的最重要推动者。

13世纪初，径山寺有两次大的损毁和重建，在规模和形制上都有相当的发展和充实。其后屡毁屡建，仅剩下的一座钟楼也在1990年失火遭毁，明代永乐大钟熔化变形碎裂，钟楼修复放置残钟。其余现存文物有：宋孝宗御碑、明代铁香炉、三尊铁佛、历代祖师名衔碑。

二、灵隐寺

灵隐寺位于杭州西湖北灵隐山，背靠北高峰，面对飞来峰。东晋咸和元年（公元326年），由印度僧人慧理创建，为杭州最早的寺院建筑。南朝梁武帝赐田并扩建。初盛于隋、唐相交之际，会昌灭法致其寺毁僧散，之后稍有复兴。五代吴越王请永明延寿禅师重兴开拓，赐名灵隐新寺。宋景德四年（公元 1007 年），赐名灵隐景德寺。南宋定都临安，灵隐寺受皇室扶持及崇奉，南宋诸帝经常光顾，令其香火更盛。绍兴五年（公元 1135 年）高宗敕改寺名为灵隐山崇恩显亲禅寺。在五山十刹寺格品定中，灵隐寺位居次席，为形制完备大伽蓝。元中期翻新，元末又毁于兵燹。明隆庆年间损毁，万历年间重建。清顺治年间，具德和尚住持灵隐寺，开始筹资重建，清康熙年间，赐名"云林禅寺"。

灵隐寺山门外相对于溪水的大致位置，基本是原来的界限，根据大殿前北宋初年的两座石塔的位置判断，南宋佛殿所在中轴线位置也没有改变。

现存灵隐寺坐北朝南，中路为天王殿、大雄宝殿、药师殿、法堂、华严殿，东西两侧由五百罗汉堂、济公殿、华严阁、大悲楼、方丈楼等建筑构成。大雄宝殿双塔和天王殿前的双经幢为五代时期遗物，原立于钱氏家庙奉先寺，北宋时期寺毁后，迁至灵隐寺。

三、天童寺

明州天童寺列五山第三，位于宁波城东 20 公里的太白山，传晋永康元年（公元 300 年），僧人义兴云游至此地结茅修持。唐开元二十年（公元 732 年），法璿禅师在太白山谷重建"太白精舍"，为古天童寺；唐至德二年（公元 757 年），宗弼、昙聪等僧人将太白精舍迁至山下，即现今天童寺寺址。唐会昌元年（公元 841 年），心镜禅师住持天童寺。建镇莽塔，寺院进一步扩展。咸通十年（公元 869 年），敕更寺名为天寿寺，宋景德四年（公元 1007 年），真宗敕赐"天童景德禅寺"额。建炎三年（公元 1129 年），正觉禅师住持 30 年，弘扬曹洞宗，为天童寺中兴时期，僧人常住千人以上。绍兴四年（公元 1134 年）建千人僧堂，进深 14 间、20 架、三过廊、二天井，纵 200 尺，广 16 丈；扩山门为巍峨杰阁，安奉千佛，中建卢舍那阁，旁设五十三善智识像，名为"千佛阁"。绍熙四年（公元 1193 年），虚庵禅师再扩千佛阁，天童寺的规模达到最盛。

南宋宝祐四年（公元 1256 年）遭严重寺灾。景定四年（公元 1263 年），简翁居敬禅师重修千佛阁，天童寺开始复兴。

元大德五年（公元 1301 年），成宗赐千佛阁为朝元宝阁。被毁后，至正十九年（公元 1359 年），元良禅师重建朝元宝阁。明洪武十五年（公元 1382 年）册立天下寺名，定名天童禅寺。万历十五年（公元 1587 年），遭水灾，殿宇尽毁，同年重建。崇祯年间，陆续建佛殿、天王殿、法堂、先觉堂、藏经阁、方丈殿、云水堂、供应堂、延寿堂、西禅堂、东西两客堂、东禅堂、新新堂、迴光阁、返照楼，重浚万工池，造七宝塔，奠定现今寺院的规模和格局。

天童寺历经唐、宋、元，持续至明、清，其整体布局，除了消失的佛殿两侧僧房和库院东西对应布置的古制以外，至今没有太大改变。其特定的寺址环境，形成的中路主体建筑前部为南宋时期形成的万工池限定，后部为山体所限的空间形式，使寺址得以常年安座于此。

四、净慈寺

杭州的南山净慈报恩光孝寺曾在五山中位列第四。位于杭州西湖南岸、南屏山慧日峰下，与雷峰塔相对，西湖"南屏晚钟"的钟声即来自于净慈寺内大钟。五代吴越王钱俶建造，因高僧永明禅师住持，定名永明禅院，南宋时改称净慈寺。

北宋太宗赐寿宁禅寺额，南宋绍兴年间改称报恩光孝禅寺，祀奉徽宗香火。嘉泰四年（公元 1204 年）寺毁，朝廷出资重修。南宋净慈寺为西湖佛寺翘楚，建有五百罗汉堂、华严阁、千佛阁、慧日阁、宗镜堂等殿阁，寺僧逾千，拥有千众僧堂。南宋净慈、灵隐两寺规模格局相仿，称南、北两山之最。以后各代，净慈寺经历数度损毁重建，1916 年开始重建大殿，修寿松堂，创立念佛堂；1950 年后整修前、中、后三大殿，在殿西建济祖殿，在山门前建"南屏晚钟"碑亭。1982 年后整修藏经阁、戒堂、后大殿，重建天王殿、御碑亭、运木井、钟楼、寮房等，续建济公殿、永明殿。

五、阿育王寺

明州育王山广利寺在五山中列第五，位于宁波市东 15 公里太白山华顶峰下，与天童寺相距约 7 公里。传说建寺年代为西晋太康三年（公元 282 年）。东晋义熙元年（公元 405 年）舍利宝塔迁入寺中的时间，应为本寺起源年代。南朝梁武帝赐阿育王额，北宋大中祥符元年（公元 1008 年），真宗改赐广利寺；治平三年（公元 1066 年）高僧大觉怀琏禅师入寺住持，进入繁盛时期；南宋绍兴三年（公元 1133 年），迎舍利塔至寺中，高宗赐"佛顶光明之塔"额；南宋绍兴二十七年（公元 1157 年）

大慧宗杲住待期间，此寺达到极盛；南宋末年，一度衰败，元末至正年间普济禅师住持，又迎来复兴盛期。明洪武十五年（公元 1382 年），太祖赐名"阿育王禅寺"。清光绪年间，阿育王寺修建普同塔院、养心堂、云水堂、灵菊轩、方丈室、天王殿等房屋 90 余间；1911 年又重修大殿，寺院整体得以完善。

阿育王寺著称于世，凭借舍利宝塔和高僧大德名望，受广泛推崇。现存寺院建筑组群坐北朝南，在中轴线上依次为山门、二山门、放生池、天王殿、大雄宝殿、舍利殿、法堂和藏经楼；西侧有云水堂、郧峰草堂、拾翠楼、祖师殿、承恩堂、方丈殿、宸奎阁、寮房等；东侧有松光斋、钟楼、舍利单、先觉堂、大悲阁等。大雄宝殿、舍利殿为清康熙年间建造，寺内还保留两座元代楼阁式砖木佛塔。

第五章　中国古代寺院建筑的地理区域

第一节　河陇地区

河陇地区，是河西和陇右地区的合称，因历史时期不同其范围有所变化，但基本地带是稳定的，包括今天的甘肃、宁夏和青海河湟地区。这里是蒙古高原与青藏高原之间一块可耕可牧的区域。东汉以后，北方游牧民族扩张，使得草原牧区步步推进，农耕土地一再退缩，直至魏晋南北朝时期一直处于这样的状态。黄河中上游的植被获得了较多的涵养，黄河也因此几乎平静了八百年。因为交替于不同生产方式的民族之手，使得河陇地区的人文景观呈现出更强烈的多元特征。随着民族的迁徙，每一种文化都会留下自己的人文景观，同一文化的不同时期留下的景观也有差异。

一、初传时期河陇地区寺院建筑的分布

河西是氐、羌、月氏、鲜卑、卢水胡、吐谷浑、回鹘等民族杂处之地，前凉、西秦、后凉、南凉、北凉、西凉等政权先后在这里建立，他们大多崇奉佛教。十六国和北朝时期，河西佛教十分繁盛，直到隋唐依然盛行不衰。河西的佛教文化的成就主要体现在佛经传译和开窟造像两方面。河西有中国最大的石窟分布区，其与西域石窟有直接的渊源，但又不同于西域，兼有印度、西域和中原文化风格，形成了独具特色的"凉州模式"。

河西和西域地区，在佛教东传过程中显现了地理区位上的特殊性。最早翻译过来的佛经是经过中业和西域的各种语言转译的。河西从东汉末年开始译经，到形成敦煌译经中心，再到姑臧译经中心，最后到北魏河西译经终结，转迁至平城。佛教传入汉地，义学或是译经都有不同的发展中心区域。东汉末的义学中心，北方在洛阳，南方在建业。而佛教的传译路线，主要是通过西域经河西走廊传入内地的，所以在敦煌形成最早的译经中心。

西晋永嘉之乱至隋代，为汉地佛经翻译的第二阶段，其间河西佛教的翻译中心从敦煌迁至姑臧。姑臧扼守河西走廊交通主干的西端，是河西主要河湖水源地的防御中心，也是西域与汉地之间的贸易中心，为经济和战略重镇。至十六国时期，前凉、

后凉、南凉、北凉都在姑臧建都。河西佛教的繁盛，使得北方割据政权的统治者纷纷竞逐河西高僧为己所用。后秦姚兴为迎鸠摩罗什入长安，不惜与后凉兵戈相向。姑臧的译经事业，是在北凉沮渠蒙逊统治河西时进入高峰。

译经中心的敦煌时代，也是身处中原政治中心之外的河西地方势力的发展初期；而转入姑臧时代，就到了河西本地势力脱离中原辖制后独立发展的时期。河西译经中心的终结，则是随着河西被北魏灭亡，凉州士族学术中心整体瓦解的组成部分；地缘政治左右了河西地区佛教的兴衰。而僧侣集团也能利用其对权力控制者的影响力，调节佛教发展的政治生态环境。

二、河陇寺院文化对其他地域的影响

永嘉之乱的后果之一是河西走廊成为了人口迁入区，文化昌明。北魏平定凉州，将河西士族三万户迁至平城，也促成了河陇文化与北魏文化的涵化。

河西佛教文化的这种迁移扩散不止于北魏地区，其对江南地区产生的影响更为深刻。向长江流域南迁的河陇僧徒在人数上大大超过了东迁平城者，其佛学禅法对东晋、南朝的扩散更为广泛和持续，河陇佛教几乎完整地流布于江南地区。河陇高僧南渡后驻锡建康、荆州、庐山和成都等地，使其成为日后佛教发展的繁荣地区。而河陇僧团在平城的发展并非一帆风顺，北魏太武帝灭佛，对佛教文化环境的破坏力极大。

江南地区从帝王到士人基本上一以贯之地崇信佛教，对河陇高僧十分尊重，有更好更稳定的弘佛传法的社会环境。河陇士族以东晋、南朝为华夏正统，两方的交流更为顺畅，因而南渡的河陇高僧对江南佛教发展具有重要的推动作用。

三、河陇地区石窟寺的营造与分布

五凉时期的河陇，是中土佛教传播和修习的最发达地区，河西的姑臧和陇右的天水麦积山是其两个中心。姑臧僧团主要由西来高僧和河西本土高僧构成；天水麦积山僧侣则主要来自关中。河陇佛教发展，不仅体现在翻译经典数量和僧众扩充规模上，更体现在河陇地区开凿石窟寺和摩崖造像的成就上。这个时期河陇地区的石窟，诸如敦煌、天梯山、麦积山和炳灵寺石窟，在窟形、造像和壁画等方面，深受中亚及南亚次大陆犍陀罗艺术的影响；同时也融合了中国传统艺术的特质，区别于其他地区和时代的中国石窟寺，被称为"凉州模式"。这类石窟寺的特点包括：

（1）设置佛像的佛殿窟，较多的是正方形或长方形平面的塔庙窟；窟内有中心塔柱，每层上宽下窄；有些方形塔庙窟设有前室。

（2）主要佛像有释迦牟尼、交脚菩萨装弥勒，另有佛装弥勒、思惟菩萨以及在酒泉文殊山前千佛洞出现的成组的十方佛。除成组的十方佛为立像外，以上诸像皆是坐像。

（3）窟壁主要画千佛，酒泉文殊山前千佛洞千佛中现说法图，壁下部出现了供养人行列。

（4）边缘花纹有连续式的化生、忍冬图案。

（5）佛和菩萨的面相浑圆，眼多细长形，深眉高鼻，身躯健壮。菩萨、飞天姿态多样，造型生动，飞天体态较大[1]。

北凉只是河西地区割据势力组建的小国，存在 40 余年，翻译佛经已耗费大量国力，开凿石窟更是惊人之举。开窟是表达虔诚的宗教活动，大多依靠信徒之中的河西豪强和权势阶层的资助才能完成。天梯山石窟是北凉君主沮渠蒙逊动用国家意志建凿的大型石窟寺。

河陇地区的石窟大都面对中心城市的佛教信仰人群，以主窟为核心，小型石窟为补充，形成围绕绿洲、河谷盆地和土塬为分布区的石窟群。石窟大多是官方开凿的，中心城市既是石窟寺所服务的主要区域，又为其提供经济支持。二者基本保持 50 公里以内的距离。石窟群内都有中心洞窟，周边散布小型洞窟，这格局可以看作是皇家与家族开窟能力的写照，也满足了不同等级人群的需求。河陇地区的大型石窟需要依托经济实力雄厚的地带，如绿洲、河谷盆地、黄土塬等。

在坚硬的岩石上开窟，雕刻的细腻程度无法满足要求时，壁画和塑像就成为可以运用的手段。在石质不适于细致雕凿的河西地区的石窟，泥塑和壁画盛行，而陇右地区则以石刻为主。

丝绸之路在河陇地区分为河西段和陇右段，受地形限制，河西段武威、张掖、酒泉、敦煌的石窟寺同在一条道路的串连之下，路两侧的洞窟群形成一条连贯的石窟走廊。而陇右段，需要翻越陇山、横渡黄河，路线比较复杂。陇右丝路，其中一

---

① 宿白. 中国石窟寺研究 [M]. 北京：文物出版社，1996：14-15.

个方向要穿越六盘山，渡过黄河至河西；在这条路线两侧分布的是陇南和陇中石窟群，西宁的北禅寺石窟也在这条路线上；另一个方向是沿泾水北上，在六盘山以北穿越黄河到达武威，这条线连接的是陇东石窟群。河陇地区多数石窟与丝绸古道的间距基本不超过 50 公里。这样的距离既便于周边香客往返，也便于僧人的行宿，使得这些石窟有了一些驿站的功能。

现存十四座北凉石塔，各塔的塔体大都浮雕或线刻有八龛像，一般为二层或三层龛像。佛像均呈禅定相或说法相，面相祥和，菩萨大都为立式或结跏趺坐式，石塔的塔肩造像的基本形式是七佛一菩萨。这些石塔多为施主施舍给寺院供僧侣观象和护禅。北凉石塔与石窟，都是河西佛教广布和末法论盛行的标志。

从永嘉之乱至北魏统一北方，河西的移民迁入、迁出区域有明显的分别。远离中原乱世的河西是移民迁入区，中原士族、僧侣甚至还有西来高僧多聚于此，佛图澄、鸠摩罗什、昙无谶等，都曾在这一时期驻留河西。

北魏平定凉州之后，使河西走廊出现了移民外迁的现象。很多高僧分别西出西域、东迁平城、南下江左。北魏太武帝徙三万户凉州民众于平城，应是一个不少于15 万人的大规模移民行动，河西佛教的根基就此被完全动摇了。凉州僧人把"凉州模式"也带到了魏都，在那里成为开凿石窟的骨干。

河西佛教对北魏产生很大的影响，平城的佛教义理和艺术也并非北凉佛教的整体搬迁，而是一种文化摄入的过程。"昙曜五窟"也应该是"凉州模式"的过渡性作品。

陇右指陇山以西地区，相当于今甘肃省黄河以东、陇山及其支脉六盘山以西地带，以及宁夏北部。丝绸之路陇西段北、中、南三路途经这里，陇右扼制河西与关中的交通，是佛教东渐的必经之地。

佛教很早传入陇右地区，在西秦文昭王乞伏炽磐统治时期达到了鼎盛。陇右现存天水麦积山石窟和永靖炳灵寺石窟均与西秦相关。天水自古人文荟萃，为陇右地区的佛教文化中心。麦积山石窟是陇右石窟的杰作和范例，被称为"秦州模式"，炳灵寺石窟是这种模式的发展和延续。

特殊区位和交通优势，确立了河西走廊之于丝绸之路的重要地位。复杂的民族关系和频繁更迭的政权，为河西佛教多重融合涵化提供了条件。而河西的丝绸之路上过往的高僧，是河西佛教发展的主体担当。他们翻译佛经、完成注疏是确立佛教文化的经典，建造佛寺、开凿石窟则是创建佛教文化的空间。

此后，隋唐、五代、吐蕃、归义军、回鹘、西夏等各时期以及元明清三朝，河西佛教虽再无魏晋南北朝之鼎盛，但各代河西僧团都在中国佛教发展中发挥了重要作用。

四、河陇地区寺院的营造与分布

河西地区的佛寺主要有石窟寺和寺院。1987 年，敦煌市东 64 公里处火焰山北冲积台地上发现悬泉置遗址，出土汉简中，有一件被称为"悬泉浮屠简"，与东汉河西地区佛寺建造有关。文中涉及的浮屠里应是公元 51—108 年之间敦煌佛教徒聚居区，这里的佛教设施所处年代，与文献记载中国汉地最早的佛寺出现时间属同期。

魏晋南北朝时期，仅见诸史书记载的寺院，河西走廊有 5 所，占全国数量的 1/8，分别是酒泉城西阙名之寺，凉州的内苑闲豫宫寺，姑臧阿育王寺、公府寺、瑞像寺。陇右地区寺院有钦州兴皇寺、天水寺，陇西记成寺，瓜州阿育王寺，河州唐述谷寺等。此外还有北周时期的敦煌大乘寺。

在唐代，见于史书的寺院在敦煌就有崇教寺、大云寺、永安寺、灵图寺、开元寺、报恩寺、龙兴寺、金光明寺、莲台寺、乾元寺、兴善寺、禅定寺、永寿寺、永唐寺、三界寺、净土寺、城东寺、城南寺、奉唐寺、天王堂寺、端岩寺、龙泉寺、灵修寺、大乘寺、普光寺、安国寺、圣光寺等。

回鹘、西夏统治时期，作为佛教中心的凉州、甘州，多次修造寺院，公元 1099 年西夏王在甘州建宏仁寺。现存古甘州佛寺还有大佛寺、西来寺、马蹄寺、文殊寺、圆通寺、万寿寺等重要遗迹。

第二节　江南地区

狭义的江南是指江苏省长江以南和浙江省北部，并以此向周边有一定辐射的地区。广义的江南指长江以南的中国广大地区，暂不作为研究对象。

历史上江南作为地理和行政区划，最早出现在唐代，即江南道。自永嘉之乱引发北人南渡开始，江南逐步成为在经济和文化上对北方的赶超者和超越者。至南宋皇室南迁之后，江南地区彻底成为汉民族经济和文化的中心。

一、江南地区寺院建筑的发展演变

在一南一北佛教东传中国的线路中，江南地区因其河网密布，有水运接驳南海交通的优势，可以更便捷地接触到南线来华僧侣传法活动。

三国时期，吴主孙权在建业为西域高僧康僧会建造建初寺，为江南最早的佛寺。康僧会走南线入汉地，在江南吴地传播佛教，受统治阶级支持，影响广泛且深刻，为以后江南地区佛教的持续兴盛打下了基础。

东晋南北朝时期，建康作为南方都城，一直是佛教文化的中心。刘宋时期有佛寺近两千所，南梁进入南方佛教鼎盛期，梁武帝佞佛，带动了从皇室贵族到民间信众广建佛寺，寺院数趋于三千所。

唐代经济、政治上的强盛，也加速了佛教的发展和中国化进程，佛寺、僧侣数量规模剧增，形成高僧大德开宗立派、八宗并立的局面。其中三论宗创始人吉藏自金陵栖霞山转至绍兴嘉祥寺驻锡十余年，建立三论宗的基本理论体系。隋末天台宗四祖智顗从金陵赴天台山，开创佛教八宗最早一派天台宗，开启国清寺建造，对中国佛教影响巨大。中唐以后，禅宗、华严宗、律宗等都在江南传播发展和兴盛，出现诸多佛教史上的著名高僧和重要寺院。

唐宋时期江南佛教的繁荣，源于禅宗的兴起和发展。至两宋，江南禅寺建造更加成熟，数量和规模达到很高水平。宋室南渡，形成以临安为中心、以名寺大刹为枢纽的江南禅宗丛林之盛景。

五代时期，南方十国中，吴越国境内未受战乱之扰，江南为当时中国仅有的经济发达区域。历代钱王以信佛顺天自励，以杭州为中心，大力倡导佛教，使江南持续保有佛教聚集区的地位，也为江南佛教在两宋时期达到鼎盛奠定了基础。

宋以后中国南方的佛寺绝大多数为禅宗的丛林道场，尤其是南宋的江南禅寺，进入了史上繁荣极盛时代。江南发达的经济基础和深厚的佛教传统，是促成临安为中心的江南禅寺发展的前提。

江南佛寺发展的重心在临安及周边地区，南宋临安府有佛寺约900所，湖州有221所，严州有190所；浙东的台州有寺观423所，绍兴府有358所，庆元府有274所。江南禅寺数量众多，中心禅寺规模宏大，禅宗的"五山十刹"之制，由官方确立的禅院寺格等级即出现在这一时期，禅宗寺院趋于官府化、世俗化。

江南禅寺的演变，宋、元两代具有明显的延续性。元代虽然大力扶持藏传佛教，但在汉传佛教方面，仍以禅宗为主导。江南地区仍是汉传佛教寺院尤其是禅宗寺院的中心，并持续至明代。

二、江南禅宗寺院的地理分布

从唐末五代至宋、元两代的繁盛时期，江南禅宗寺院的发展变化始终伴随着显著的地域性。南宗惠能以下青原、南岳两派，起于江西和湖南，两地也成为早期的禅宗基地。入宋以后，随着南禅宗的迅即扩张，禅寺的地理分布也有相应变化，禅宗的中心从偏远山乡转至都城大邑，南宋临安成为南禅宗进入盛期以后的禅寺最发达地区。

禅宗寺院发展初期，带有显著的局地特征。而至南宋时期，以五山十刹为代表的江南禅寺格局，成为佛教发展在这个时代的突出特征。

南宋五山十刹等重要寺院的分布，显示出临安的佛教中心地位及当时的两浙地区佛教重镇的局面，与南宋政治、经济、文化、交通等因素的地缘地理作用密切相关。浙东明州居海上交通的地利，浙西临安则以政治中心为根基。两浙犹如南宋王朝的"中原"，临安为江南的核心，来自君权的扶持和政治需求对禅寺发展扩张起了决定性作用。五山十刹是围绕都城大寺展开的，在形成禅宗寺院总体格局之后，对教寺、律寺、讲寺也具有示范性。在明代也有对宋、元教院五山十刹的记述，其地理格局与禅宗寺院一致，也集中于以临安为中心的江南地区：以钱塘上天竺寺、下天竺寺，温州能仁寺，宁波白莲寺为教院五山；以钱唐集庆寺、演福寺、普福寺，湖州慈感寺，宁波宝陀寺，绍兴湖心寺，苏州大善寺、北寺，松江延庆寺，建康瓦官寺为教院十刹。

江南禅宗寺院的演变及分布趋势存在显著的世俗化倾向。唐和五代分布于江西、湖南的禅宗丛林，在南宋转至两浙，反映的不仅是地理区位上的改变，也是对市井世俗的进一步融入。以临安为中心的五山十刹之盛况，取代了地域偏僻的祖庭道场的宗教象征的地位。清代禅宗四大丛林，皆汇集于江南繁盛之地，宁波天童寺、镇江金山寺、扬州高旻寺和常州天宁寺，都是历史上的江南名刹。

元代汉传佛教在空间上被藏传佛教挤压，有所衰落。汉传佛教仍以禅宗的曹洞宗和临济宗为主流。南方禅宗均传临济宗，临济宗高僧大德多活动于江南地区。

明代江南佛教推崇禅宗和净土宗，临济宗仍然是江南禅宗的主流。明末清初，江南禅宗进入其最后一个活跃繁盛期。

清初江南佛教仍然以禅宗和净土宗为主，雍正年以后，禅宗衰落，其影响范围被净土宗取代。在江南地区，念佛净土有深厚的历史渊源和社会基础，净土法门成为主流，在社会上深入推广，成为世俗学佛的基本功课。

第三节　闽粤地区

一、闽粤地理特征对寺院文化传播的影响

闽粤地区，在自然地理和人文地理条件上，有一些彼此延伸或特点相似的地方。在地形地貌上，福建武夷山脉连接粤北五岭山系，形成一条从东北向西南方向延伸并转折向西的大山带，成为这个地区与内地之间的巨大屏障。在只有简单交通工具的古代，这道屏障足以让山脉两侧的联络异常艰难。而这条大山带与东海、南海之间，又大部分被与大山带并行的浙闽丘陵、两广丘陵所占据，只有少量平原地带分布于沿海。因为平原稀少，农业欠发达，尤其是在闽地，这里很早就产生了向海洋争取生存空间的意识，长于造船航海是沿海民众可以依赖的优势和法宝。

这个地带中的不同地区的历史，呈现出很多同步进程和相互关联的关系。早期同为百越部族的活动区域，都是在秦朝被南下的秦人军事占领，设郡或建国进行统治。同在汉武帝时期，东瓯、南越、闽越三国先后被攻伐，再被整合、治理、徙民。直到三国东吴政权在江南建立了政治中心，拉近了与东南沿海地区的距离，才使其逐渐被重视起来。

一般认为，闽粤地区也是永嘉之乱中北人南迁的目的地之一，正所谓"衣冠南渡，八姓入闽"。实际上唐代以前来自中原的南下移民，主流都迁徙到淮河以南、长江中下游地区。而闽粤地区只接收到很小规模的南下移民，这中间大部分人还是从长江下游地区走海路来到闽地的。

唐代以前闽粤地区人口密度一直停留在较低水平，真正的人口大幅增长发生在唐和五代及以后各朝。闽粤地区在和中原文化的融合之中，获得了经济和文化的巨大发展，在宋、元时期已经成为中国对外交流和海上贸易最繁荣的地区。

中国古代与西亚、欧、非的交通有陆路和海路，北方的陆路从长安出发，过河

西走廊，经西域到达地中海；南方海路则由华南港口西行，过马六甲海峡进入印度洋到达西亚；或经滇、缅陆路通道至缅甸南部入印度洋；或经过中亚至印度港口走海路西行。唐代"怛罗斯之战"以后，北方陆路交通被阻断，东西方交通转至东海和南海线路。

广东处于五岭大山带与南海之间，向北封闭、向南开放的地理环境之中，中原文化正统对岭南的影响相对迟滞，为外来佛教的传播和后来南禅宗的开创发展留有余地。

广东地处中国南端最重要的海上出口，与外部贸易、文化交流频繁，也是佛教传播从海上登陆后的首站。广东境内被山地、丘陵占据了大部分土地，山川秀色、植被茂盛且物产丰富，建寺、传法的环境优势十分显著。广东北有连通长江的水路，南有通达东南亚和印度洋沿岸各地的港口，更容易产生开放、多元的文化特质。

广东是一个多神崇拜、信仰种类繁杂、民众热衷敬神祈福的地区；其远离国家统治中心，少受袭扰，社会环境相对宽松、稳定，这些都利于佛教传播和发展。

在魏晋南北朝佛教初传时期，广东多为渡海入华高僧的登岸地，主要以番禺和始兴为中心，在粤中和粤北地区传法。隋唐五代佛教盛期，佛教在粤西和粤东也逐渐发展起来。而在宋、元、明、清佛教由盛转弱阶段，广东佛教发展较前朝更稳定。

六朝时期，经常有西来传法的僧侣往来于岭南，也在这里传播佛教。广州是海上交通的重要口岸，也成为南方佛教传播和翻译经典的重镇。很多著名高僧曾在广州停留，译经传法；也有一些汉地僧人从这里走海路去往天竺。至唐代，佛教虽已在印度衰落，但仍有高僧从海路来中国传教。开元七年（公元 719 年），密宗大师金刚智携弟子不空从海上到达广州，地方官员派数百船只迎接。其在广州建大曼荼罗灌顶道场，宣扬密藏。经广州出海的中国高僧包括西行取经的长安大荐福寺义净法师，及东渡授戒、被奉为日本律宗祖师的鉴真和尚。

广东最重要的佛教杰出人物无疑是惠能，其驻锡韶州宝林寺，以此为基地，开创禅宗顿门，完成了佛教的中国化，把岭南佛教推向高峰，对中国佛教思想体系的发展产生深远的影响。

二、闽粤寺院建筑的分布与演变

据统计，西晋至南朝陈，有记载的岭南所建佛寺 41 所，其中 33 所为南朝时期建造。南朝政权积极开拓海外交通，更多的传法僧人往来其间。佛寺增加，反映了佛教传播活动更加频繁。

六朝时期开创的岭南最重要的寺院之一为广州的制旨寺，即光孝寺，为多位高僧聚居之所及译经中心。南朝梁代末年和陈代时，印度高僧真谛辗转于福建和广东，最后在制旨寺驻足，译出《摄大乘论》《唯识论》《俱舍论》等经典。唐代，六祖惠能在此寺顿悟。

韶关南华寺创建于南朝梁武帝天监元年（公元 502 年），名"宝林寺"，北宋开宝元年（公元 968 年）改为"南华禅寺"，是禅宗六祖惠能创南宗禅法的发祥地，有岭南第一禅寺之称。万历二十八年（公元 1600 年），憨山德清住持衰落已久的南华寺，入曹溪开辟祖庭，选僧受戒，设立僧学，订立清规，被称为中兴祖师。

乳源云门寺始建于五代梁时期，为禅宗惠能九传弟子文偃所创云门宗开宗道场。初名"光泰禅院"，后改为"证真禅寺"，南汉时改为"大觉禅寺"，沿用至今。因建于云门山慈悲峰下，俗称"云门寺"。

福建海上交通的兴盛可能晚于广东，东汉时闽江海口曾设岭南向朝廷进贡船只的中转港口。唐中期以后，福建海上贸易地位开始提高，泉州港逐渐崛起，为海上丝绸之路的繁荣打下伏笔。五代闽王十分重视开拓海外贸易，使海上丝绸之路的重心不断向福州、泉州等港口汇聚。宋代福建的海上交通与对外贸易全面开展，受益于五代十国中闽国时期在港口条件、造船技术、经商传统等方面奠定的基础，以及闽江水运的便利，福州成为闽地最繁荣的地区。

福建有记载的建造佛寺的历史始于西晋，明代撰写的《八闽通志》中有晋太康年间所建侯官药山寺、灵塔寺，怀安绍因寺，瓯宁林泉寺，建阳灵耀寺等；万历年间的《泉州府志》中记载有晋太康年间建南安延福寺。《八闽通志》记载东晋所建光泽回龙寺、建阳水陆寺、莆田永和尼院等佛寺。唐代道世的《法苑珠林》中有东晋咸康年间建安太守获舍利建造塔寺的记载。南朝时期福建佛教由于统治阶层的大力扶植和民间士人的响应获得较快发展，有纪年可考的寺院有 65 所，多集中于福州及周边地带，多载于《三山志》和《八闽通志》。南宋文献《三山志》记载的隋代福州附近连江、闽县、长溪所建寺院 6 座，显示了福州仍为佛教发展的集中地区；而另一个集中区域据载是泉州。

福建佛教的兴盛，始于唐中期。天宝元年（公元 742 年），禅宗宗师马祖道一住建阳佛迹岭弘法；其后福建长乐籍禅师百丈怀海在江西师从道一，实行丛林改革，风行天下。其门下黄檗希运，出生于福建福清，开创临济宗风；怀海的另一弟子，福建长溪人沩山灵祐，与弟子仰山慧寂创立沩仰宗。南禅宗青原行思一系雪峰义存，为福建南安人，其所传弟子，先后创立了云门宗和法眼宗。而青原行思四传弟子莆田人曹山本寂，与洞山良价创立曹洞宗。禅宗五家的创立者均为福建人或福建禅师门下，可见唐末五代的福建禅师对佛教发展产生过极为重要和广泛的影响。

这一时期的福建也是佛教禅宗的重镇。唐末，长庆大安与雪峰义存两位闽籍禅师回福建开山传法，影响深远。当时正值各地佛教在会昌法难打击之后一蹶不振，福建相对安定，闽王大力扶持佛教，不遗余力建造佛寺，为佛教发展营造了很好的社会环境。大安在福州开创西禅寺，义存在闽侯建雪峰寺，义存弟子开创了卧龙山安国院和鼓山涌泉寺。

唐代扶持佛教，在闽地得到积极响应，福建寺院建筑在前朝基础上，数量和规模迅即增长。根据宋至民国福建各地地方志记载进行统计，唐代闽地已有大小寺庵715座，福州最多，建州、泉州次之，漳、汀二州居其后。沿海地区寺院数量占优，闽北、闽西山区居其次。寺院建筑的发展，呈现从沿海逐渐向山区渗入的走势①。

唐末五代至宋，泉州佛教也十分兴盛，有佛国之称；漳州、莆田等地，也产生了许多名寺高僧。福建寺院和僧尼数量之多，超过了其他地区，成为全国佛教最盛之地。

福建海上交通的优势和佛教的兴盛，使其从唐宋时期开始，成为了佛教对外交流的枢纽。鉴真东渡，有多位福建弟子追随；日本空海法师渡海来华，遇风浪在福建逗留两月，与福建佛法结缘。这一时期，还有印度和西域高僧来福建传法交流。

两宋时期，福建经济实力、海上贸易以及航海技术有了更大进步，佛教发展的繁荣程度也远超前朝，对外交流更加频繁。北宋雍熙年间，天竺僧罗护那航海到泉州，并于城南建造宝林院，为外国僧人在泉州所建的唯一佛寺。

据统计，两宋时期福建兴建、重建大小佛寺1180所，其中，北宋约占63%、南宋约占25%，其余无法辨别是北宋还是南宋。北宋是福建历史上佛寺建造的极盛

———————————

① 王荣国.福建佛教史［M］.厦门：厦门大学出版社，1997：48.

时期[①]。

宋代福建行政区划的一府、五州、两军中，福州佛寺数量最多，兴化军、邵武军、建宁府次之，汀州、泉州等再次之。在北宋，福州建造佛寺 502 所，集中于闽县、侯官县、怀安县、福清县、古田县；兴化军建 26 所，建宁府建 77 所，邵武军建 39 所。北宋佛寺建造主要集中于以福州平原为中心的闽东南沿海，及闽北崇阳溪、南浦溪、建溪流域。在南宋，邵武军建寺 66 所，建宁府 82 所，兴化军 20 所，南剑州 57 所，汀州 31 所，泉州 25 所，漳州 4 所，福州 22 所。显然，福州地区佛寺建设发展较早，已经达到饱和状态。

唐宋时期，福建佛寺不仅数量多，而且不乏规模宏大的寺院；且佛寺拥有大量寺田、寺产，寺院经济渗透各行各业，相当繁荣。

元代闽地兴建的 380 余所寺院中，三分之二以上是精舍、庵、堂之类小规模佛寺，且越接近元末，寺院的兴建活动越沉寂。但福建寺院建筑在全国仍保持了一定的影响力。元代，福建为海上丝绸之路的前沿，各种外来文化、宗教纷纷走进闽地民众的社会生活，如闽南泉州地区，伊斯兰教影响很大，这在一定程度上也分流了一部分信众。

明初太祖朱元璋一系列针对佛教整合治理的政策，也使福建寺院建筑的格局有所调整。明中期的倭患也让闽地的一些寺院建筑遭受破坏，同时因筹集巨额军饷而使寺院经济一蹶不振。

清朝初年，政府在福建颁布的迁界令对沿海地区寺院建筑的生存环境破坏很大，其影响超过了明代海禁，寺院被毁的情况也非常普遍。

第四节　湘赣地区

一、湘赣地理特征对寺院建筑发展的影响

江西北端一段省界是以长江来划分的，贯通南北的赣江从这里汇入长江；其东面和南面为怀玉山连接武夷山脉和南岭大山带，形成自北向南、向西连绵不断的屏

---

① 王荣国.福建佛教史［M］.厦门：厦门大学出版社，1997：211.

障,成为与浙、闽、粤之间的阻隔;西面的罗霄山脉、幕连九山脉分布于湘赣交界地带。这两段山脉的连续性、海拔高度不及武夷山脉,使江西与湖南之间的联系相对便利。赣江、修水、抚河、饶河、信江诸流注入鄱阳湖,进而与长江连通,这在视水运交通为命脉的古代,成为沟通联系全国上下的重要地理优势。

江西有2400多条大小河流,兼有赣江大动脉南接岭南陆路、东连江淮水路、入海口,自古以来就是由北方去往岭南、八闽之地的途经之地,在历史上的商业往来、军事行动和民族迁徙等过程中占据非常重要的地位。秦、汉对岭南、闽越的几次大规模征战,都有在江西集结和调运的部署。"永嘉之乱"之后数次北方人的南下移民,江西既是目的地,也是去往闽、粤等地的中转站。

湖南与江西相邻,在地理环境上存在着许多相似之处。两省同处于长江中下游地区,南北两端纬度一致,气候及植被类型相似;在地形、地貌方面,以幕连九山脉与罗霄山脉南北连线为对称轴左右对称。长江中游河道在两省北端各呈一个"V"字形,两个"V"字底部,分别是鄱阳湖与洞庭湖,各自有赣江、湘江从南向北并流千余里,注入这两大湖泊;湖南省的西侧亦有雪峰武陵山脉与江西东侧武夷山脉形成对称之势。两省中部,分别为鄱阳湖平原与洞庭湖平原,省域南端都截止于南岭,总体地势同为向北开口的马蹄形状貌,南高北低。这种山形地貌的相似和对称性,也导致两省水系分布的对称相似。然而,两省在相似的地理条件下,很多文化形态却出现了非同步性发展和空间分异,并不能对称。

江西在中国佛教史上经常处于举足轻重的地位,数度成为汉传佛教的重镇。东晋时,净土宗祖师慧远入庐山东林寺,译经著述,诠释佛教重大理论问题,结社专修净土之法,开创中国佛教的净土宗。中唐以后,禅宗从广东经湖南传入江西,多位佛家巨擘在江西创寺传法,形成沩仰、临济等宗派。六祖惠能以下南岳一系马祖道一离开湖南南岳衡山,经福建建阳,至江西赣州、洪州等地聚徒教化,开堂说法,创立了"洪州禅"。其门下怀海住洪州百丈山,改革戒律,制定了佛教史上著名的百丈清规,对禅宗发展进程产生重大影响。怀海的弟子希运、灵祐为临济、沩仰二宗开创人物。江西宜丰黄檗山是希运开启临济禅法之地,宜春仰山寺则是沩仰宗祖庭。惠能的弟子行思住持吉安青原山净居寺,开创南禅宗青原一系,其后出曹洞、云门、法眼三大宗支。青原系良价禅师在江西宜丰洞山创宗,其弟子本寂在宜黄曹山传禅,形成曹洞宗,道场设于永修云居山道膺禅师住持的真如禅寺。南唐清凉文益为青原系禅师，曾住持抚州的临川崇寿院数十年，开创法眼宗。临济、曹洞两宗流传千年，在日本、朝鲜等地也有深远广泛的影响。临济宗在宋代分杨岐、黄龙两派，杨岐派祖庭普通寺位于江西萍乡，为方会禅师创宗之地；而位于江西修水的黄龙寺是慧南禅师开创黄龙宗的祖庭。日本临济宗初祖荣西禅师在天台山万年寺承黄龙宗衣钵，归国布教，倡扬禅法，制定禅规，创建寺院。荣西将禅宗带回日本，也包括带回中国禅寺营造传统，其仿江南禅院建筑，融合本地风格，形成日本佛教建筑体系。在日本，"大佛样"之后传入的禅寺式样被称为"唐样"或"禅宗样"；更早期汲取唐代式样的建筑称为"和样"。

黄龙、杨岐两派同时兴起，后来黄龙法脉终断，只有杨岐派继续传播，并恢复临济旧称，所以此后的杨岐宗历史即为临济宗历史。

二、湘赣寺院建筑的分布

江西庐山东林寺为净土宗的起源之地，传为高僧慧远于东晋太元年间所创。东晋末期，罽宾高僧佛驮跋陀罗入庐山，译《修行方便禅经》。隋代初年，天台宗智颛顗大师上庐山居东林寺隐修。唐代是东林寺的极盛期，有殿堂310余间，居僧上万。宋代东林寺一度为律宗道场，元代恢复净土宗道场。光绪年间，东林寺大修，寺院主体基本恢复。

九江能仁寺位于庐山北麓，原名承天院，创于南朝梁武帝时期。唐大历年间，有白云法师云游至此结茅为舍，募捐修整了瓦砾中的大雄宝殿和大胜宝塔。北宋元佑年间，增建铁佛寺。元代废于战争。明代洪武年间重建，后改承天院为能仁寺。明万历年间重建藏经楼。清同治年间大修，现存的寺院建筑多为此次大修所建。

江西永修真如寺始建于唐宪宗时期，道容禅师游云居山，在一块平地上开基建寺，初名云居禅院。唐僖宗年间，在道膺禅师的主持下，云居禅院名闻天下。云居道膺为曹洞宗传人，在云居山弘法，僧众云集。北宋大中祥符年间，更寺名为"真如禅寺"。清顺治年间重建真如禅寺，清朝皇帝对真如禅寺皆有赐予。现有真如禅寺建筑多为1953年后重建。

江西吉安青原山净居寺始建于唐景龙三年（公元709年），为禅宗祖师青原行思修行之地。禅宗曹洞宗、云门宗和法眼宗皆为青原一系法脉，净居寺作为青原系祖庭，在佛教界享有极高声望和重要地位。

　　湖南早期佛教活动和建造佛寺始于晋代，分布于长沙麓山和武陵平山。按梁朝宝唱所撰《名僧传》卷八记述，竺法崇在长沙麓山创建麓山寺。南朝梁慧皎的《高僧传》卷十三也有"晋武陵平山慧元传"的记述。东晋时慧元在武陵山创立佛寺，平山位于湖南常德。南朝时期，关于湖南高僧传法建寺的记载有所增加，分布地域更广，寺院已分布于长沙、衡阳、武陵、巴陵等地。南朝前期开始，长沙已经成为局部区域的佛教聚集地，除麓山寺外，还有果愿寺和石槲寺。持续有高僧活动的记载。而在南朝陈代，南岳衡山逐渐成为佛教名山，是湖南佛教的中心。天台宗三祖慧思曾入住南岳山顶和半山道场，前后十余年，传授禅法。宋代史籍中可以找到南朝时期衡山寺院的内容，南宋《南岳总胜集》中记有岳禅寺、西禅寺、南台寺、方广寺、法轮禅寺、会善寺、景德寺七座寺院。位于巴陵可考的寺院有显安寺、道田寺、内华寺等五所。

　　湖南从相对落后状态进入发展期，是随着"永嘉之乱"北人南迁后开始的。在初期，经济开发滞后，其东晋南北朝时期的佛教发展，在整个汉地佛教传播的大环境中显得很落后，不及周边的湖北、广东、江西等地。早期北方佛教盛过南方，南下移民大都较早接受佛教影响，社会动荡使其更易接受宗教信仰，南北朝时期湖南境内高僧的出生地，都位于移民定居区域。

　　东晋南北朝以后，建康、江陵是佛教发达地区，与湖南间水路交通便利，僧人入湘弘法频繁，且湖南多胜景佳境，有麓山、衡山等名山，吸引往来一部分僧人修炼、弘法和驻锡，佛教活动多集中于湘江中下游及洞庭湖周围地区。

　　隋唐时期，以南岳衡山为中心的衡州地区佛教文化最发达，高僧皆驻锡南岳。衡山是当时著名的佛教名山之一，其佛法兴盛始于慧思，门下智顗于长沙果愿寺出家，后居天台，为天台宗实际创始人。唐代中期南禅宗宗师怀让、希迁来到南岳弘法。经过二人前后近80年的弘法，南岳衡山成为重要的佛教圣地。

　　唐代会昌灭佛，南岳遭受的打击相对较小，其他各宗衰微，禅宗之中道一的洪州宗和希迁的石头宗大盛。这两宗都与衡山有很深的渊源，南岳的地位在各大名山中有所上升。

　　祝圣寺是南岳现存最大的佛教丛林，由唐代净土宗高僧承远创建，初名弥陀台寺，为净土宗的道场之一。宋徽宗赐名"神霄宫"，后又改名胜业寺。清朝为迎接康熙南巡，将其扩建成行宫。后因康熙未能到此，改名祝圣寺。

南岳福严寺相传是南朝高僧慧思创建，初名为般若禅寺，唐代，怀让禅师在南岳时曾驻锡于此。宋代，因寺中有位福严和尚增修寺院，改名福严寺。明清时福严寺香火依然旺盛。

衡山南台寺位于掷钵峰下，慧思三生塔南。南朝梁天监年间，高僧海印创建。唐天宝年间，希迁来衡山投怀让门下，后驻锡南台寺。寺东有大石，平坦如台，希迁在石上结庵而居，称"石头希迁"。该寺定名为南台寺。南宋乾道年间，无碍和尚扩建南台寺。元朝破败为废墟以后，又有僧人在衡山另建寺院，故有老南台、新南台。现存的南台寺是清光绪年间由淡云和尚在南台寺旧址上重修，主要殿堂有山门、佛堂、关帝庙、禅堂、祖堂、云水堂、禅房等。

南岳上封寺东汉时原为道观，隋大业年间隋炀帝南巡，改观为寺，赐名上封寺。清末，诗僧寄禅法师住持上封寺。20世纪50年代上封寺遭火灾，后按原貌重修，现存清代建筑仅一座三开间后殿。

潭州地区的高僧数量不是很多，分布却很广泛。州城长沙有延寿院、东寺；隔湘江有岳麓山，此外有大沩山、石霜山、道吾山等名胜。麓山寺在南朝已经闻名，隋代曾建舍利塔，在全国有较高地位。

麓山寺又名岳麓寺、慧光寺、麓苑、万寿寺，创于西晋，是最早入湘传法僧人竺法崇所建。唐代麓山寺达到极盛，殿堂雄伟，规模宏大。中唐时期寺院尽毁，后逐渐恢复，范围在清风峡以上。宋代妙光和尚在清风峡寺旧址重建了大雄宝殿、观音阁、万法堂、藏经楼等殿阁，称"万寿寺"。清代，寺院进行过几次大修，大雄宝殿、法堂、方丈室、前殿都被更新，为寺院中兴时期。

长沙开福寺，为五代十国时期楚王施舍会春园给保宁和尚用作寺院。后唐天成年间，保宁修造殿堂，创建开福寺。宋朝是开福寺的鼎盛时期，寺内及周边有紫微山、碧浪湖、白莲池、龙泉井、放生池、凤嘴洲、木鱼岭、舍利塔等十六景。宋徽宗年间，道宁和尚住持开福寺，修治庙宇，僧侣云集，被称为中兴祖师。明太祖洪武年间，澈堂禅师重修殿堂。明嘉靖年间，寺院尽毁，吉藩与当地士绅重建；明末又毁于兵燹。清代顺治至乾隆年间有过四次重建。现有建筑多为民国后陆续修建。

第五节　巴蜀地区

一、巴蜀地理特征对寺院建筑发展的影响

巴和蜀，是中国古代很早出现的地理称谓，巴蜀的地域范围在不同历史时期会有所变化，但主要还是以四川盆地为主向外辐射，长江上游及诸支流流域，即今天四川省中东部、重庆市及其周边。从关中盆地、汉水谷地到巴蜀地区，历史上都是经济、军事、政治上的关键地带，为历代王朝政权竞逐之地。

四川盆地四面环山，北面为岷山余脉和大巴山、米仓山，西有邛崃山、大凉山，南靠乌蒙山、大娄山，东临巫山、齐岳山，形成地形、地质非常完整的盆地结构。盆地底部四方向边角的广元、雅安、泸州、奉节等地同处海拔700余米的等高环线上，盆地内部有川中丘陵、成都平原和川东平行状山岭谷。

山川重阻、四面封闭是巴蜀最突出的地理特点，对外交通不便，出入艰辛。为了突破这种地理封闭，巴蜀人付出巨大代价，打通道路。而盆地内部开阔，有很大回旋余地，容易产生相对稳定、独立的内向性文化形态。成都平原占据地理上的盆地中央位置，一直是盆地内经济最发达地区，也是文化内聚的中心。历史上巴蜀曾多次成为移民的迁入地区，外来文化随移民入川后，经过与当地文化的融入涵化过程，自身特征被消解隐匿，而巴蜀文化的主导地位始终不会被取代。

巴蜀地区是南方丝绸之路的起点，又是南、北丝路的交汇地，成为早期佛教传播线路上的重要节点。东晋南北朝时期，北方战乱不断，巴蜀地区成为南方都城建康通往西域的必经之地，西域和汉地僧人频繁往来，带动了这里的佛教传播。

据考古发现，古西川一带散布一些疑似东汉末至南北朝时期的佛教造像、题记等佛教遗迹和出土文物。将这些佛教遗迹遗物所在地点串连起来，可以显现出乐山、彭山、蒲江、成都、绵阳、茂县等地的西蜀联络线，正是这个时期蜀地的佛教传入线路[①]。沿此道路经松潘可进入河陇地区，称为岷山道。

在佛教的传入时间顺序上，巴蜀地区可直接连通西域，无需关中地区的周转，应不在中原之后。上述考古发现显示的连线，是传统西域至中原线路之外的佛教入

---

① 龙显昭.巴蜀佛教的传播、发展及其动因试析［J］.西华大学学报（哲学社会科学版），2009（12）：31-47.

华传播途径，即通过南方丝绸之路从印度经缅甸入云南连接巴蜀。

佛教传播通道往往也是佛教发展最早的地区，大量僧人在巴蜀地区开坛讲法，信众人数随之扩充，学佛出家者也与日俱增，佛教经典广为流传。

二、巴蜀寺院建筑的分布及重要寺院

佛教传入巴蜀始于东汉末，佛寺兴建大致也在这个时期前后。两晋时期，巴蜀地区已有成都石犀寺、大足寺、东禅寺，蓬州石佛寺，奉节光孝寺，峨眉白水寺、黑水寺、中峰寺等。南北朝时期，有成都地区的龙渊寺、金华寺、梵安寺、万佛寺、兴乐寺、香积寺、安乐寺、武担寺、三宝寺、费寺、大石寺、裴寺、灵建寺，雅安观音阁，三台永福寺，蓬溪明真寺，邛州护国院，德阳善寂寺等。所建佛寺主要分布于经济文化相对发达的成都平原、川西和川北，这些受中原文化影响最显著的地区。

最早入蜀高僧是东晋时期的道安，其带动了北方僧人来此传播佛法，使处于初始状态的蜀地佛教在与道教的竞争中获得发展空间。南朝宋、齐、梁和北朝周代，为巴蜀佛教蓬勃展开的时期。刘宋时期，蜀地已经出现摩崖造像活动。这一时期，巴蜀的成都因其经济、政治中心地位，成为是佛教发达地区；川西北有甘青道通青海，与吐谷浑联系较多，受其影响，也成为佛教发展的集中区域。

隋唐时期，巴蜀地区佛教发展与全国的大势相同，十分兴旺，佛寺建造大幅增加，根据文献统计的隋唐寺院建筑超过110座。隋唐至五代，巴蜀地区佛教造像分布广泛，主要包括：川北区的广元、旺苍、南江、巴中、通江等县；沱江、涪江地区的简阳、资阳、资中、内江、乐至、安岳、大足、遂宁、潼南、合川等地；川西岷江中游区的邛崃、蒲江、洪雅、丹陵、夹江等地区。这三个区域也基本上与佛教高僧分布区叠合。从这种分布的地理表现看，巴蜀佛教文化发展的重心处于西北半区，是唐至五代蜀地经济文化的发达地区。

唐代佛教各宗纷纷进入巴蜀地区，形成多流派共存的局面，禅宗、净土宗、密宗等都有较大影响，不同于明清时期禅宗的一枝独秀。

巴蜀地区存续的历史久远且有广泛影响的汉传佛教寺院，主要集中于成都地区，重庆等地也有分布。

成都昭觉寺位于成都北面青龙乡，汉代为眉州司马董常故宅，宅号建元。唐贞观年间创立寺院,命名建元寺;乾符四年(公元 877 年)扩建,改名昭觉寺。五代时荒废,北宋重修为大刹,为"西川第一丛林"。明初扩建,明末焚毁。清康熙年间逐渐恢复。20 世纪 60 年代再遭破坏。1984 年后重建大雄宝殿,修复山门、天王殿、地藏殿、观音阁、御书楼、韦驮殿、藏经楼、五观堂、石佛殿、普同塔、先觉堂等建筑。

成都文殊院在唐代为妙圆塔院,宋代改为信相寺,毁于兵燹。清康熙三十六年(公元 1697 年)重建,定名文殊院,为川西名寺。现保留有天王殿、三大士殿、大雄殿、说法堂、藏经楼。

新都宝光寺位于成都以北新都区,始建于隋代,名为"大石寺"。唐末僖宗避乱到此,夜间见寺中福感塔下放祥光,挖出舍利子,改寺名为"宝光",塔名为"无垢净观舍利宝塔"。宋代宝光寺香火极盛,明中期被毁,清康熙九年(公元 1670 年)重建。为清代以来南方地区的"禅宗四大丛林"之一,为成都周边历史最久、规模最大、收藏最丰富的寺院建筑。现存殿堂多建于清道光年间。寺中舍利塔为密檐式四面塔,高 20 余米。寺院保留了山门、天王殿、七佛殿、大雄宝殿、藏经楼、罗汉堂等建筑。

罗汉寺位于重庆市渝中区,始建于北宋治平年间,名为治平寺。清乾隆年间前殿坍塌,改作龙神祠。清光绪十一年(公元 1885 年)重修庙宇,依照新都宝光寺建罗汉堂,改名罗汉寺。其中古佛岩长 20 余米,保留宋代摩岩石刻佛像 400 余尊,卧佛像、观音像和供养人像的风格与大足宝顶山石刻相近。

慈云寺位于重庆南岸区临长江地带。相传始建于唐代,清乾隆年间重修,名为观音庙。1927 年扩建,更名慈云寺,主要历史建筑有大雄宝殿、普贤殿、三圣殿、韦驮殿、藏经楼、钟鼓楼等,为民国中西合璧风格。

梁平双桂堂位于重庆梁平县,亦称万竹山福国寺,为云、贵、川、渝各禅寺之祖庭。创建于清顺治十年(公元 1653 年),现保留有山门、弥勒殿、大雄宝殿、戒堂、破山塔、大悲殿、藏经楼等建筑。

大足圣寿寺位于大足县东北宝顶山大佛湾右后侧。宝顶山摩崖造像开凿于唐景福元年(公元 892 年),包括 41 处石刻群,造像以万计。圣寿寺始建于南宋淳熙年间,原名五佛崖,为密宗寺院。明清时一度繁荣,扩建后改名圣寿寺。现存明清建筑主要有天王殿、玉皇殿、大雄宝殿、经殿、燃灯殿、维摩殿等。

乌尤寺位于乐山市的乌尤山,为唐天宝年间高僧惠净所创,原名正觉寺。宋代扩建,改名乌尤寺。元代遭焚毁,明成化年间重建,明末再毁,清代重建。现有山门、天王殿、弥勒殿、正觉禅林、大雄宝殿、罗汉堂、观音殿、五观堂、禅堂、钟鼓亭等建筑。

灵岩寺位于四川都江堰市北灵岩山，始建于隋，初名光化寺。唐代高僧道因住持于此，唐玄宗开元年间印度高僧阿世多重建此寺，造千佛塔。经几度兴废，现存建筑多为清代重修，有罗汉殿、天王殿、接引殿、喜雨坊、千佛塔等。

平武报恩寺位于四川省绵阳平武县城，为明朝敕建寺院，始建于明英宗正统五年（公元1440年），是巴蜀地区保存最完整的明代佛寺建筑组群，包括山门、钟楼、天王殿、大悲殿、华严藏、大雄宝殿、碑亭、万佛阁等建筑。通过报恩寺宏大的规模和精湛的建筑营造，可以对明代巴蜀地区佛教发展之繁盛、蜀人佛教信仰之虔诚有所认识。

祥符寺位于德阳绵竹城中，始建于唐朝元和年间，华严宗五祖圭峰宗密曾在此开坛讲法。后寺院被毁，北宋大中祥符年间重建，故名"祥符寺"；宋至清代，几经浮沉。现存清代以后重建的殿堂有金刚殿、武圣殿、大雄宝殿、观音殿、藏经楼、罗汉堂、祖师殿、弥勒殿、药师殿等。

三、巴蜀地区石窟造像的兴盛及其成因

巴蜀是南方石窟寺最密集的地区，从南北朝时期开始即有石窟寺和摩崖造像的雕凿。唐代中晚期，在北方大规模开凿石窟进入尾声时，巴蜀地区却进入了开窟造像的兴盛阶段，一直延续至南宋之后。安岳与大足的密教造像还是汉传佛教史上仅有的自成体系的密教造像。

相对于中原所历经的多次社会动荡，巴蜀地区维持稳定局面的时间要长很多，佛教也得以持续不断地发展。唐代安史之乱以后，巴蜀常常成为中原人的避乱之所，吸引了不少高僧、文人、工匠、画师汇聚而来，使佛寺、石刻、造像营造雕凿活动的兴盛有良好的社会环境。巴蜀地区多丘陵、山地的地理环境，使其民众有在石壁上开凿岩洞、建造崖墓、砌筑石阙的传统和习惯。这里的山体岩石质地细腻且硬度适中，易于雕刻造型。

唐代在重庆地区分布的佛教造像主要集中于重庆北部，以密宗造像最为盛行。大足石刻中，唐代造像以密宗为主。唐末五代，柳本尊、赵智凤在巴蜀各地传播自创金刚界瑜伽部密宗，在汉州州治雒城和成都府北新都县弥蒙镇设有两个道场，信

众甚多。唐宋时期，中原地区密宗衰落，巴蜀独盛，这个地区发达的道教文化和巫觋鬼神信仰传统，使密宗传播有了生存的土壤。

五代十国时期，前蜀帝王崇尚佛教，蜀地禅宗兴盛。禅师贯休入川，住东禅寺，蜀帝王建又为其营造龙华道场，称"禅月大师"，并赐邑 3000 户。

在宋代，佛教已经完成了中国化和世俗化过程，及至元、明、清代，巴蜀佛教持续兴旺，在道教发祥地，佛教的地位大大超越了道教，且僧尼的密集程度也远在全国均值以上。向来是道教发达的成都地区成了佛教兴盛之地。

宋代的官宦、文人中间有好佛之风，与禅宗格外投缘。峨眉山原来以道教占主导地位，唐代开始兴建佛寺。宋代是个尊佛抑道的王朝，高僧茂真在峨眉山大力兴建佛寺，受到皇室的支持，使佛教在峨眉山渐成优势，为以后成为佛教四大圣山奠定了基础。宋仁宗曾在峨眉山白水普贤寺御书发愿文，并厚赏峨眉山寺院。

宋代石刻造像在唐代的基础上有很大发展。四川省现存的 120 余处大小石窟造像中，宋代作品及包含宋代成果的作品超半数，包括大足宝顶卧佛、阆中大佛、合川大佛、荣县大佛、威远大佛等。

明代巴蜀佛教延续了兴旺的势头，成都仍是一个佛教文化的中心，建有昭觉寺、净居寺、净因寺、金沙寺等规模宏大的寺院建筑。至清代，道教的生存空间进一步被佛教挤压，佛教达到鼎盛，部分著名道观也改作了佛教道场。巴蜀各地的摩崖造像也十分普遍。

四、巴蜀地区石窟造像的分布

石窟造像在巴蜀地区的分布十分广泛，且数量庞大。早期石窟开凿始于与汉中、关中接近的广元和巴中地区，与中原北方石窟的渊源较深，影响较大。之后，石窟寺开凿活动进入巴蜀腹地，历隋唐五代的持续发展，两宋时期达到鼎盛。此间，还发展出地域性和时代感都十分浓烈的题材和风格。元以后各朝，巴蜀地区出现过数次战乱，石刻造像逐渐衰微，仅部分地区还在延续，包括对龛像的修缮。

从南北朝时代开始，巴蜀地区的一些山丘岩体成为人们开凿窟龛、雕刻神像的理想场所，出现了大量的佛教和道教石窟寺观和摩崖造像景观。川北与河陇地区相近的广元地区，处于四川盆地连接中原的交通要道上，是佛教入蜀以后最先流布的区域之一。

广元千佛崖和皇泽寺的南北朝晚期龛像，是已知巴蜀地区最早开凿的佛教石窟寺。千佛崖与皇泽寺分处嘉陵两岸，靠近通往汉中的金牛道。始凿于南北朝末期，大多数窟龛为唐代建凿。千佛崖现存窟龛 848 座，皇泽寺 57 座。开凿于北朝时期窟龛包括：千佛崖第 726 号窟、第 226 号窟，皇泽寺第 15.38.45 号窟和大佛楼侧小龛。这些窟龛在形制、造像组合和题材、雕饰风格等方面，都与同期北方石窟寺相近，受其影响较大。

隋代，佛教石窟造像从川北广元地区向南传至巴中、绵阳等地；盛唐时期，中原与巴蜀之间佛教的交流频繁，石窟造像也随之在蜀地扩展到更广范围。安史之乱以后至五代，北方中原受灭佛和战乱影响，石窟寺营造也基本消歇；而巴蜀石窟却逐渐进入繁荣期，成为开窟造像最盛行的地区。也开启了以成都为中心辐射四川盆地的分布格局。隋唐五代的石窟造像除广元皇泽寺和千佛崖外，还有广元观音崖，巴中西龛、南龛、水宁寺，安岳卧佛湾、圆觉洞、千佛寨以及梓潼卧龙山，大足北山，仁寿牛角寨，乐山大佛，夹江千佛崖，浦江飞仙阁，刘嘴摩崖造像等。其中密宗造像最早出现在初唐，盛唐开始流行，对巴蜀石窟造像的风格走向有极大影响。

两宋以后，北方地区已不再有新窟的开凿，而巴蜀地区却是方兴未艾，逐渐达到极盛，以安岳、大足两地最为突出。大足石刻分布 40 多处，仅存留下来的大小造像就超过 5 万尊，保存较为完整的地点有北山、宝顶山、石门山、石篆山、妙高山和南山等，其中北山和宝顶山摩崖造像最密集。大足北山造像开凿于晚唐，宋代达到顶峰，以密宗题材为主，造像雕饰丰富而繁杂。宝顶山摩崖造像集中于大小佛湾，营造连续性大型石刻和群像场景，气势恢宏，雕刻题材以密宗和经变内容为主，还融合了密宗、禅宗和儒家的精神。大足南山为道教石刻造像组群，石门山、石篆山石刻造像多为儒、释、道三教合一的题材。

安岳石窟造像分布 200 多处，现存窟龛数上千，造像 2 万尊，总规模仅次于大足。其中卧佛院、圆觉洞均始凿于盛唐时期，毗卢洞、华严洞、玄妙观、千佛斋等则为佛教与道教龛像共处之所。

唐中期以后，巴蜀地区有规模较大的道教石窟造像的建造，分布于安岳玄妙观、丹棱龙鹄山、仁寿牛角寨、剑阁鹤鸣山等地，其造像风格多与同期佛教造像雷同，也有佛、道合一的造像。宋代不仅有佛道同龛，还有儒、释、道三教合流造像。

附录 参考图片

　　关于中国寺院建筑的发展演变、各时期空间分布及区域特征的考察，一方面来自古代佛寺的实物遗存，另一方面要靠相关的文献记载。两千多年佛教在中国传播发展和本土化的过程中，寺院建筑同样随着佛教的兴衰被大量地建造、毁废和本土化。文献中描述的在不同时期、不同地域出现过的古代佛寺，绝大多数已经在历史长河中湮灭了，今天还能见到的古寺遗存，往往是经过了多种历史因素的叠加作用形成的一种结果。即便是同一个名称下的寺院或道场圣地，也往往因在建筑存续和文化传承中出现多个断点，而难能将今天的物象和意象与文献所述对应起来。

　　本书图版是基于对现存佛教文化史迹的考察形成的图片资料，而书中关于寺院建筑在历史片断上的分布、区域的现象与规律的内容则是基于文献。因此，二者虽互相呼应关联，表达同一个主题，又各自组成文件包，分别存在于不同的想象空间。这是本书将文字内容与图版分置的主要原因。

图1　苏巴什佛寺遗址东寺（公元3—10世纪，库车）

图注：苏巴什佛寺是魏晋同时期西域龟兹国境内的佛寺，位于新疆库车县。北魏郦道元《水经注》
　　　称之为"雀离大寺"，唐玄奘《大唐西域记》记载为"昭怙厘寺"，始建于公元3世纪，
　　　一度为龟兹佛教中心，鸠摩罗什曾在此聚高僧大德讲经说法，玄奘西去天竺途经并驻留此地。
　　　苏巴什佛寺遗址分东、西两个区域，有佛塔、庙宇、洞窟、殿堂、僧房等建筑遗迹。在龟
　　　兹的千座佛寺、佛塔中，"雀离大寺"最为兴盛。苏巴什佛寺遗址的存在，为汉地佛教初
　　　传时期寺院建筑配置和格局受到西域模式影响提供了佐证。

图2　苏巴什佛寺遗址西寺中部佛塔（公元3—10世纪，库车）

图 3　苏巴什佛寺遗址西寺大殿（公元 3—10 世纪，库车）

图 4　克孜尔石窟（公元 3—9 世纪，库车）

图注：克孜尔石窟位于新疆拜城县明屋塔格山的峭壁上，始凿于大约公元 3 世纪，持续至公元 8—9
世纪，是龟兹王室兴建的佛教建筑，工程期占据了龟兹国存在的大部分年代，是现存古西
城年代最久、规模最大、建造时间最长、窟型最多的石窟寺。龟兹是鸠摩罗什的诞生和弘
法之地，公元 7 世纪龟兹地区佛教最为繁荣，克孜尔石窟也是在这一时期进入盛期。洞窟
主要包括僧侣起居的僧房和礼佛讲经说法的佛殿，类型包括中心柱窟、大像窟、方形窟、
龛窟、异形窟等。其中有代表性的如中心柱式洞窟，分主室和后室，主室正面绘佛祖像，
两侧和券顶为佛祖事迹壁画，入口门楣处为菩萨说法图，后室绘有佛祖"涅槃"像。克孜
尔石窟壁画具有明显的贵霜时期犍陀罗艺术影响印迹。

图 5　克孜尔石窟（公元 3—9 世纪，库车）

图 6　森木塞姆千佛洞（公元 4—9 世纪，库车）

图注：森木塞姆千佛洞遗址位于新疆库车县，开凿时间约为公元 3 至 10 世纪，基本伴随了龟兹佛教发展和石窟建设的全时期，其晚期壁画还受到汉族和回鹘风格影响。

图 7　森木塞姆千佛洞（公元 4—9 世纪，库车）

图 8　台藏塔遗址（公元 6—7 世纪，吐鲁番）

图注：台藏塔始建于公元 6 至 7 世纪，是高昌国重要的佛教建筑，位于新疆吐鲁番市三堡乡，距离高昌故城 1.5 公里。

图 9　台藏塔遗址（公元 6—7 世纪，吐鲁番）

图 10　交河故城中央佛塔（公元 9—14 世纪，吐鲁番）

图注：交河故城为公元前 2 世纪至 5 世纪车师国所建，唐代在此设置安西都护府，公元 9 至 14 世
　　　纪由于战争而逐渐衰落，遭元末察合台汗国废弃。南北走向的中心大道北端坐落规模宏大
　　　的佛寺，以此为中心构成北寺院区，包括佛殿、佛塔、佛坛、僧房等建筑，还建有安葬高
　　　僧的塔林。

图 11　交河故城大佛寺（公元 4 世纪后兴建，吐鲁番）

图 12　柏孜克里克千佛洞（公元 6—13 世纪，吐鲁番）

图注：柏孜克里克千佛洞位于新疆吐鲁番市东木头沟西岸，始建于公元 6 世纪高昌古国时期，相
　　　当于南北朝后期，历 7 个世纪陆续开凿，是高昌地区佛教中心。唐代北庭大都护杨袭古曾
　　　重修寺院，此处也曾作为回鹘高昌的王室寺院。公元 13 世纪末，伊斯兰教传入吐鲁番，柏
　　　孜克里克千佛洞随佛教一起衰落。

图 13 高昌故城西南大佛寺（公元 9—13 世纪，吐鲁番）

图注：高昌故城遗址位于新疆吐鲁番市东三堡乡的一片绿洲上，公元前 1 世纪由汉朝屯田部队在车师前国境内建立，称"戊己校尉城"，至公元 14 世纪一直是吐鲁番盆地的中心城池。城内分布一批佛寺建筑遗址，规模最大的是建于回鹘高昌时期西南大佛寺。高昌国长期信仰佛教，与于阗、龟兹并列西域三个佛教中心。西南大佛寺由山门、庭院、讲经堂、藏经楼、大殿、僧房等建筑组成，宏大的讲经堂是高僧弘法宣讲之所。唐代玄奘西去天竺时曾驻留高昌国，在此设坛讲经。

图 14 高昌故城西南大佛寺中心塔殿（公元 9—13 世纪，吐鲁番）

图 15　高昌故城西南大佛寺讲经堂（公元 9—13 世纪，吐鲁番）

图 16　云冈石窟昙曜五窟（北魏，大同）

图注：云冈石窟位于大同市西武周山南麓，武周川北岸，依山开凿，是中国最大石窟群，也是
　　　内地由皇室兴建的首座大型石窟，其中大型洞窟多开凿于北魏。北魏拓跋鲜卑建都平城
　　　（大同），皇帝笃信佛教，在与旧都盛乐的交通必经之地开凿云冈石窟。北魏时，各地僧
　　　侣迁往平城，灭北凉而掠其高僧、工匠，均成为开凿石窟的主力，平城也成为北魏的佛教
　　　中心。石窟开凿分为三期，"昙曜五窟"为一期，五窟有明显的相同特征，洞窟平面为椭
　　　圆形，穹窿顶；二期主要位于石窟群的中部东侧，大约在魏孝文帝时期开凿，窟室基本为
　　　方形或长方形平面，平顶；三期主要集中于第 20 窟以西地段，开凿于北魏迁都之后。

图 17　云冈石窟窟檐（清，大同）

图 18　云冈石窟中心塔柱（北魏，大同）

图 19　龙门石窟（北魏—清，洛阳）

图注：龙门石窟位于洛阳市南 13 公里伊水两岸的东、西山体上，始建于北魏迁都洛阳（公元 5 世
　　　纪末）时期，盛于唐，终于清末，现存北魏遗构约占 1/3。洛阳是佛教最早传入的内地城市，
　　　长期处于佛教文化中心地位，僧尼云集于洛阳及周边，致力开窟造像；平民信徒也倾其所有，
　　　布施功德。龙门石窟则是洛阳现存最重要的佛教建筑景观，北魏以 40 年时间开凿了古阳洞、
　　　宾阳三洞、火烧洞、莲花洞、等洞窟；最大规模的开凿工程是在唐代，尤其是武则天时期，
　　　完成了包括敬善寺、潜溪寺、唐字洞、万佛洞、奉先寺等洞窟。

图 20　龙门石窟（北魏—清，洛阳）

图 21 龙门石窟大卢舍那像龛（唐，洛阳）

图 22 慈恩寺塔（唐，西安）

图注：慈恩寺塔又名"大雁塔"，是唐代长安城晋昌坊大慈恩寺的寺塔，为玄奘保存从天竺取回的佛像、舍利和经书而修建，最初五层，经数次变更，最后固定为七层塔身。北魏时在此建净觉寺，隋代建无漏寺；唐代太子李治追念生母，奏请敕建慈恩寺。玄奘曾任慈恩寺上座法师，创立法相宗，又称慈恩宗。此塔经历五次改建大修，在明代，于塔身外砌 60 厘米厚包砖后，形成最终形象。

图 23　独乐寺观音阁（辽，蓟县）

图注：独乐寺位于蓟县城区，始建于唐，辽代统和年间重建，寺院的建筑与格局在历年的修建和
　　　更替中发生很大变化，幸存下来的山门及观音阁建筑主体为辽代原物，距今已超过千年，
　　　观音阁是中国现存最早的木结构楼阁。

图 24　独乐寺观音阁斗拱（辽，蓟县）

图25　临济寺澄灵塔（唐—金，正定）

图注：临济寺位于河北省正定县城区，临滹沱河而名曰临济，始建于东魏时期，唐代临济宗宗师
　　　义玄驻锡此寺，遂为禅宗临济宗祖庭。临济寺毁于宋金战争，仅存残塔，金大定年间修复
　　　澄灵塔。

图 26　隆兴寺摩尼殿（宋，正定）

图注：隆兴寺位于河北省正定县城区，始建于隋开皇年间，命名龙藏寺；唐代更名为龙兴寺，清
　　　康熙年间定名为隆兴寺。北宋初年宋太祖于寺内建大悲阁，并以此为主体沿中轴线扩建为
　　　南北纵深、规模宏大寺院建筑群。非常难得的是，寺内仍保留了摩尼殿、转轮藏阁等宋代
　　　木构建筑，以及宋代千手观音、隋代龙藏寺碑等珍贵佛教文化遗存。正定自北魏至清代各朝，
　　　一直是郡、州、路、府的治所，为北方文化重镇，县城内所保存的一批古代佛教建筑历史
　　　价值极高，在国内难有超越者。

图 27　隆兴寺摩尼殿斗拱（宋，正定）

图 28　隆兴寺转轮藏阁（宋，正定）

图 29　广惠寺花塔（辽、金，正定）

图注：广惠寺花塔位于河北省正定县城区，始建于唐德宗年间，金代重修，寺院于清代废弃，仅
　　　保留花塔。

图 30　天宁寺凌霄塔（金，正定）

图 31　开元寺钟楼与须弥塔（唐？正定）

图注：开元寺位于河北省正定县城区，原名净观寺，始建于东魏，隋代更名为解慧寺，唐开元年间定名为开元寺。清代寺院废毁，仅存钟楼和须弥塔，两座建筑均部分保留了唐代遗构。

图 32　善化寺（辽、金，大同）

图注：善化寺位于山西省大同市城区，始建于唐开元年间，原名开元寺，为国立寺院，五代改名
　　　为大普恩寺，辽末被毁，金代重修，明代定名为善化寺。辽、金时期以大同为西京，佛教
　　　繁荣，寺院建造十分兴盛。善化寺现存辽代大雄宝殿、三圣殿和金代天王殿、普贤阁；辽、
　　　金殿阁共处一座寺院，数量之多，国内少有，是保留辽、金佛寺布局最完整、规模最大的
　　　建筑遗存。

图 33　善化寺山门（金，大同）

图 34　佛宫寺释迦塔（辽，朔州应县，摄影：卢舒珺）

图注：佛宫寺释迦塔，又被称作应县木塔。辽代兴宗时期萧皇后倡建，田和尚奉敕募建，完成于
　　　公元 1056 年；至金代，公元 1195 年增修结束。作为家庙，有礼佛观光和登高瞭敌之用，
　　　是全球现存历史最长、体型最高大的木结构佛塔。

图 35　栖霞寺千佛崖石窟（南朝，南京）

图注：南京栖霞山古称摄山，因南朝时山中建"栖霞精舍"而得名，栖霞寺位于栖霞山中峰西麓，始建于南朝齐永明年间，佛教三论宗祖庭。南朝平原居士明僧绍舍宅建立栖霞精舍，为栖霞寺开端；三论宗初祖南梁僧朗在此弘法；隋代初建舍利塔，唐高祖时改称功德寺，为佛教四大丛林之一。唐高宗时期改为隐君栖霞寺；明洪武年间重建，定名为栖霞寺。清代太平天国战争，致栖霞寺毁于兵燹，民国期间进行过局部弥补、修缮和复建。

图 36　栖霞寺舍利塔（五代，南京）

图 37　栖霞寺毗卢宝殿（民国，南京）

图 38　惠山寺金莲桥（宋，无锡）

图注：惠山寺位于无锡市惠山，初建于南朝刘宋年间，萧梁年间易名为法云禅院。唐宋时有昌师院、
　　　普利院等名称，鼎盛期房屋数千间。唐至清，惠山寺经历数度劫难和重建，现存唐至宋代
　　　遗物如听松石床、经幢、香花桥、金莲桥、清代御碑和近年复建的大雄宝殿等。

图 39　兴圣教寺塔（宋，上海松江）

图 40 兴圣教寺塔副阶（宋，上海松江）

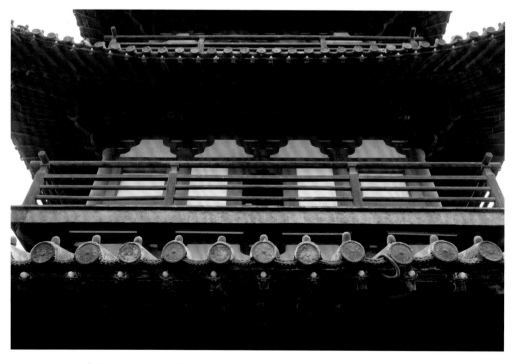

图 41 兴圣教寺塔斗拱（宋，上海松江）

图 42　龙华塔（宋，上海徐汇）

图 43 真如寺正殿（元，上海普陀）

图注：真如寺位于上海普陀区，原名"万寿寺"，元代迁建于此，定名真如寺，是沪上年代最早的
　　　佛寺。其正殿保留了元代遗构，在江南古代殿堂中实例很少。

图 44 法华塔（明，上海嘉定）

图 45　保国寺大雄宝殿（宋，宁波）

图注：保国寺位于宁波市江北区洪塘镇，相传其前身为初建于东汉的灵山寺，毁于唐代会昌灭佛，
　　　唐末重建，赐名"保国寺"。这座佛寺的宗教地位虽不十分不突出，却以古老的殿堂建筑
　　　遗存而著称。其建于宋代大中祥符年间的大雄宝殿，距今已超过千年，是江南最古老、完
　　　整性最高的木结构建筑。此外还有天王殿、唐代经幢、观音殿、净土池等文物。

图 46　保国寺大雄宝殿木构架（宋，宁波）

图 47 阿育王寺西塔（元，宁波）

图注：阿育王寺位于宁波市宝幢太白山麓华顶峰，初建于西晋太康年间，南朝梁武帝扩建后并赐
　　　名"阿育王寺"。唐代鉴真东渡受阻在舟山，曾驻锡阿育王寺。后周世宗灭佛时期，寺遭
　　　焚毁。宋代复建后，被定名"阿育王山广利禅寺"，为十方禅刹。南宋史弥远奏请确立"五
　　　山十刹"禅寺等级制度，阿育王寺位列五山之中，享有佛教寺院的至高地位。南宋末年寺
　　　院再遭焚毁，元、明两代得到恢复兴旺。清初又受火灾毁坏，现存建筑大都为清末所建。

图 48 阿育王寺天王殿与放生池（民国，宁波）

图 49　阿育王寺舍利塔殿（清，宁波）

图 50　天童寺院落（明—民国，宁波）

图注：天童寺位于宁波市太白山，初建于西晋永康年间，唐代历经几次迁址重建，发展至宋代成
　　　为禅宗名刹，位于"五山十刹"之五山之列，明末重修，天童寺奠定的格局和规模一直延
　　　续至今。

图 51　天童寺内万工池（明—民国，宁波）

图 52　天童寺佛殿（明，宁波）

图 53　天童寺罗汉堂（明—民国，宁波）

图 54　华林寺大殿（宋，福州）

图注：华林寺位于福建省福州市屏山南麓，建于北宋乾德年间，初名"越山吉祥禅院"，明代正
　　　统年间受赐名"华林寺"。寺内历史建筑仅剩大殿，这座建于五代末宋代初的佛殿，是长
　　　江以南地区年代最早的木构建筑遗存，明、清时期虽多次大修，曾经增加过副阶重檐，但
　　　其主体梁架、斗拱仍为五代北宋遗构，有明显的唐宋特征。其中一些后来在中国较少采用
　　　的构造做法，在日本被保留的更多，表明汉地佛教向日本流传所涉及的内容十分丰富。

图 55　华林寺大殿（宋，福州）

图 56　华林寺大殿屋架构造（宋，福州）

图 57　崇妙保圣坚牢塔（五代，福州）

图 58　鼓山涌泉寺（清，福州）

图注：涌泉寺位于福州市名山鼓山之上，始建唐代建中年间，名为华严寺，唐武宗灭佛被毁。五
　　　代时闽王建新寺定名为国师馆，后更名为鼓山白云峰涌泉禅院。宋代，真宗赐额"涌泉禅院"，
　　　明代改称涌泉寺。现存规模和格局为明代火灾损毁后的复建寺院。鼓山涌泉寺是福建最有
　　　影响力的寺院之一，多次受帝室关注，且名僧辈出，声望高远。

图 59　狮峰广化禅寺（清，福安）

图注：狮峰广化禅寺位于福建省福安市溪柄镇狮峰山麓，紧邻历史古村楼下村，始建于唐代，明
　　　永乐年间复建，清嘉庆年间重修天王殿、般若殿。狮峰广化寺不仅延续了明代以来的寺院
　　　格局和形制，而且大雄宝殿建筑古朴，有宋代木构遗风。

图 60　狮峰广化禅寺大雄宝殿与天王殿（清，福安）

图 61　狮峰广化禅寺大雄宝殿藻井（清，福安）

图 62　开元寺仁寿塔（宋，泉州）

图注：泉州开元寺位于泉州市鲤城区，是闽地现存规模最大的古代佛寺，始建于唐代初年，原名
　　　"莲花道场"，唐开元年间更名为开元寺，经过唐末、南宋、元代数次损毁和重建，至明
　　　代初年确定了寺院格局，明末郑芝龙重建大雄宝殿。现存主要殿堂为明、清建筑。寺中两
　　　座宋代砖塔，西塔仁寿塔与东塔镇国塔，具有极高的历史价值和艺术价值，是泉州古城的
　　　城市象征。

图 63　开元寺仁寿塔石刻（宋，泉州）

图 64　开元寺镇国塔（宋，泉州）

图 65　开元寺镇国塔石刻（宋，泉州）

图 66　开元寺大雄宝殿（明，泉州）

图 67　南普陀寺（民国，厦门）

图注：南普陀寺位于厦门市五老峰，始建于唐末，初名泗洲寺，宋治平年间改名为普照寺。明初
　　　寺院荒芜，清康熙年间重建，发展成为闽南佛教胜地，类似普陀山观音道场，主供观音。

图 68　三平寺（清，漳州平和）

图注：三平寺位于福建省平和县文峰乡三平村，相传初建于唐代，历经屡次损毁和复建，现存建
　　　筑大都为清代以后建造。三平寺创寺于唐会昌灭佛时，面对皇权打压佛教的社会现状，义
　　　中禅师率僧尼来平和县建三平寺传法行医。

图 69　三平寺塔殿（清，漳州平和）

图 70　六榕寺花塔（宋，广州）

图注：六榕寺为广州市区内古代佛寺遗存，与光孝寺、华林寺、海幢寺合称广州"四大丛林"。
　　　该建筑初建于南朝宋代，时名宝庄严寺。唐代王勃途经宝庄严寺，曾写下《广州宝庄严寺
　　　舍利塔碑》碑记。五代南汉易名为长寿寺，后毁于火灾；北宋重建并更名为净慧寺。苏轼
　　　从海南北归，曾路过该寺，因寺内有六棵古榕树而题写"六榕"二字。明代永乐年间，寺
　　　僧将苏轼的"六榕"题字刻匾悬挂，净慧寺也有了六榕寺的称谓。其现存建筑多为清代至
　　　民国复建建筑，唯有六榕寺花塔为北宋遗构，有近千年历史。

图 71　六榕寺花塔副阶（宋，广州）

图 72　光孝寺瘗发塔（唐—明，广州）

图注：光孝寺是广州最重要的佛教寺院，位于广东省广州市越秀区，最初为三国时期的舍宅立寺，
　　　名为制止寺。东晋时罽宾僧昙摩耶舍在寺内建佛殿，寺名改为王苑朝延寺；以后再有乾明
　　　法性寺、崇宁万寿寺、报恩广孝禅寺等寺名，南宋绍兴年间定名为光孝寺。广州是佛教海
　　　上入华路线的重要登岸地，很多天竺僧人来此驻足传法。南朝宋代梵僧求那跋陀罗曾在寺
　　　中开设戒坛；南朝梁代印度僧智药三藏和菩提达摩也有在此讲经传法的记载。光孝寺还是
　　　禅宗六祖惠能受戒和做"风幡论辩"的寺院。经历千年变迁兴废，寺内现存古代殿堂大都
　　　为明、清重建的建筑遗存。

图 73　光孝寺大雄宝殿（清，广州）

图 74　光孝寺六祖殿（宋—清，广州）

图 75　华林寺五百罗汉堂（清，广州）

图注：华林寺位于广州市荔湾区下九路西来正街，相传为南朝梁武帝普通年间菩提达摩从海上来华，
　　　在此建西来庵，即华林寺前身，经隋至清代多次改造修葺，于清顺治年间，扩大规模形成
　　　著名的佛教丛林，寺名改为华林寺。

图 76　开元寺大雄宝殿（宋—清，潮州）

图注：潮州开元寺为广东最有影响力的佛教寺院之一，位于潮州市城区，始建于唐代开元年间，
　　　元代名为开元万寿禅寺，明代更名为开元镇国禅寺。寺院较多的延续了唐代的建筑布局，
　　　保留了宋至清代的建筑实物，对于认识佛教寺院建筑的发展规律有重要价值。

图 77　开元寺天王殿木构架（宋—清，潮州）

图 78　开元寺屋脊装饰（宋—清，潮州）

图 79 梅庵（宋—清，肇庆）

图注：梅庵位于广东省肇庆市，北宋时为纪念六祖惠能曾在此植梅而建，寺内仍保了留宋代佛殿遗构，为岭南重要古代佛教建筑。

图 80 梅庵大雄宝殿木构架（宋，肇庆）

图81　梅庵六祖殿（清，肇庆）

图82　南华寺院落（明—民国，韶关）

图注：南华寺位于广东韶关市曲江区曹溪河畔，为南禅宗的起源地，六祖惠能弘法道场，被奉为
　　　禅宗祖庭。该寺始建于南朝梁天监年间，原名宝林寺，隋末遭毁。唐代惠能在此驻锡，宝
　　　林寺得以兴盛。宋朝太祖重修此寺，并赐名南华禅寺。元代遭兵燹衰落，明清时期陆续有
　　　修复建设，现存建筑很大一部分为民国时期虚云和尚主持重建的建筑。

图 83　南华寺六祖殿（清，韶关）

图 84　南华寺灵照塔（明，韶关）

图 85　延祥寺塔（宋，南雄）

图 86　延祥寺塔副阶（宋，南雄）

图 87　延祥寺塔内部（宋，南雄）

图88 青龙洞中元禅院（明—清，贵州镇远）

图注：青龙洞位于历史文化名城贵州省镇远古城外舞阳河对岸山腰上，是三教合一建筑群。其中包括佛教寺院中元禅院，始建于明嘉靖年间，现存的大佛殿、望星楼、六角亭等为清末建筑。

图89 青龙洞中元禅院（明—清，贵州镇远）

图 90　妙湛寺金刚塔（明，昆明）

图 91　香积寺山门（现代重建，杭州）

图 92 香积寺藏经楼、观音殿（现代重建，杭州）

图注：杭州香积寺是按传统佛寺格局，运用现代技术和材料对古建筑进行重新塑造后，兴建起来
　　　的一座寺院。原寺初建于北宋，现仅存清康熙年间所建西塔。

图 93 香积寺大雄宝殿构架（现代重建，杭州）

图 94　万寿山大报恩延寿寺（清，北京）

图注：大报恩延寿寺位于北京颐和园万寿山前部，清代乾隆皇帝为母后寿辰而建，后经慈禧重建更名为排云殿。现存排云门、玉华殿、云锦殿、二宫门、芳辉殿、紫霄殿、排云殿、德辉殿及连廊、配房，是第二次鸦片战争中被焚毁后，光绪年间在原基址上重建的建筑群。排云殿组群的北面自东向西依次排列着转轮藏、佛香阁、五方阁。转轮藏为乾隆时期建筑原物；佛香阁与五方阁为毁后重建。

图 95　万寿山佛香阁与大报恩延寿寺（清，北京）

图 96　万寿山五方阁之宝云阁铜亭（清，北京）

图 97　万寿山转轮藏（清，北京）

图98　万寿山四大部洲（清，北京）

图99　西山碧云寺（元—清，北京）

图注：碧云寺是北京海淀区西山佛寺组群中的一座园林式寺庙，创建于元至顺年间，明、清两代
　　　都有重修和扩建。乾隆时期进行大规模整修，并建金刚宝座塔、行宫和罗汉堂，修葺建筑
　　　保留了明代遗构。

图 100 西山碧云寺金刚宝座塔（清，北京）

图 101　西山碧云寺罗汉堂（清，北京）

图 102　西山碧云寺罗汉堂内景（清，北京）

图 103　西山碧云寺水泉院（元—清，北京）

图 104　西山十方普觉寺卧佛（元，北京）

图 105　西山十方普觉寺放生池与钟楼（清，北京）

图 106　西山大永安寺青霞寄逸楼等建筑群（原址复建，北京）

图注：西山大永安寺或称香山寺，为北京西山佛寺组群中的寺庙之一，始建于唐代，经辽至清代
修缮扩建，乾隆时期达到鼎盛，宏大壮观，处于西山寺院的重要地位。在第二次鸦片战争
中香山寺被焚毁，现有建筑群为近年在原址上按原样式进行的复建。

图 107　西山大永安寺坛城（原址复建，北京）

图 108　西山大永安寺南侧边沟（原址复建，北京）

图 109　西山宗镜大昭之庙（清，北京）

图 110　西山宗镜大昭之庙琉璃塔（清，北京）

图 111　西山宗镜大昭之庙建筑基址（清，北京）

图 112　雍和宫（清，北京）

图注：雍和宫位于北京古城墙东北角，建于清康熙年间，为雍亲王府；后改作雍正帝行宫，称
　　　雍和宫。乾隆年间改为喇嘛庙，是清朝等级最高的佛教寺院，成为政府管理全国藏传佛教
　　　事务机构的所在地。

图 113　雍和宫法轮殿天窗（清，北京）

图 114　雍和宫延绥阁（清，北京）

图 115　永安寺喇嘛塔（清，北京）

图注：永安寺位于北京北海公园的琼华岛，清朝初年于琼华岛建喇嘛塔，以塔建寺，为藏传佛教
　　　巴珠活佛驻锡之地，乾隆年间重修后定名永安寺。

图 116 永安寺正觉殿内景（清，北京）

图 117 永安寺钟楼（清，北京）

图 118　永安寺法轮殿（清，北京）

图 119　真觉寺金刚宝座塔（明，北京）

图注：真觉寺金刚宝座塔位于北京市海淀区，建于明成化年间。据载，明永乐年间，从西域来京
　　　的印度僧人向明成祖呈献了金刚宝座塔范本，以此按佛陀迦耶精舍形式建塔。清乾隆年间
　　　扩建真觉寺，并更名为正觉寺；清末失火寺毁，只保留了金刚宝座塔和少数房屋。

图 120　真觉寺金刚宝座塔石刻（明，北京）

图 121 妙应寺（元—清，北京）

图注：妙应寺位于北京市西城区，始建于辽代，原名永安寺，元代至元年间重建，用作藏传佛教寺院，更名为大圣寿万安寺；明代天顺年间再重建时改名为妙应寺，寺内白塔建于元代重建时期。元世祖忽必烈信奉藏传佛教，萨迦派首领八思巴被尊为国师，其弟子中的尼泊尔匠师阿尼哥成为白塔的设计者和建造师，白塔于公元 1279 年建成。妙应寺白塔是中国现存最大的喇嘛塔，与印度覆钵式佛塔样式更为接近。

图 122 妙应寺喇嘛塔（元，北京）

图 123 觉生寺大钟楼（清，北京）

图 124 灵岳寺（元—清，北京）

图注：灵岳寺位于北京门头沟区斋堂镇的山村中，创建于唐，辽代重建，元至清代四次重修。寺内佛殿虽经历多次大修，仍保留早期格局、风格和建筑元素。

图 125　灵岳寺释迦佛殿（元—清，北京）

图 126　普乐寺（清，承德，摄影：刘托）

图注：普乐寺位于河北省承德避暑山庄外东北部，为承德"外八庙"之一，建于清代乾隆年间。
　　　清政府以藏传佛教为纽带，巩固与满族、蒙古族、藏族等少数民族的同盟关系，在行宫避
　　　暑山庄周边修建十二座藏传佛教寺庙。因其中八座寺庙由政府的理藩院管理，并在北京设
　　　有常驻地，被称作"外八庙"，包括殊象寺、普陀宗乘之庙、须弥福寿之庙、普宁寺、广
　　　缘寺、安远庙、普乐寺、溥仁寺和基本损毁的溥善寺、罗汉堂、广安寺、普佑寺。

图 127 普宁寺大乘阁（清，承德，摄影：刘托）

图 128 八大处龙泉庵（明—清，北京）

图 129　八大处灵光寺（清—现代，北京）

图 130　八大处清凉寺（现代遗址重建，北京）

参考文献

[1] 宿白 . 中国石窟寺研究 [M]. 北京：生活·读书·新知三联书店，2019.

[2] 张伟然，顾晶霞 . 中国佛寺探秘 [M]. 长春：长春出版社，2007.

[3] 张弓 . 汉唐佛寺文化史 [M]. 北京：中国社会科学出版社，1997.

[4] 李映辉 . 唐代佛教地理研究 [M]. 长沙：湖南大学出版社，2004.

[5] 周振鹤 . 中国历史文化区域研究 [M]. 上海：复旦大学出版社，1997.

[6] 菊地利夫 . 历史地理学的理论与方法 [M]. 辛德勇，译 . 西安：陕西师范大学出版社，2014.

[7] R.J. 约翰斯顿 . 人文地理学词典 [M]. 柴彦威，译 . 北京：商务印书馆，2005.

[8] 杰弗里 . 马丁 . 所有可能的世界：地理学思想史 [M]. 成一农，译 . 上海：上海人民出版社，2008.

[9] 王贵祥 . 中国汉传佛教建筑史 [M]. 北京：清华大学出版社，2016.

[10] 顾吉辰 . 宋代佛教史稿 [M]. 郑州：中州古籍出版社，1993.

[11] 辛德勇 . 古代交通与地理文献研究 [M]. 北京：中华书局，1996.

[12] 何孝荣 . 明代北京佛教寺院修建研究 [M]. 天津：南开大学出版社，2007.

[13] 王荣国 . 福建佛教史 [M]. 厦门：厦门大学出版社，1997.

[14] 介永强 . 西北佛教历史文化地理研究 [M]. 北京：人民出版社，2008.

[15] 葛寅亮 . 金陵梵刹志 [M]. 天津：天津人民出版社，2007.

[16] 何孝荣 . 明代南京寺院研究 [M]. 北京：中国社会科学出版社，2000.

[17] 张伟然 . 湖南历史文化地理研究 [M]. 上海：复旦大学出版社，1995.

[18] 雷玉华 . 巴中石窟研究 [M]. 北京：民族出版社，2011.

[19] 王媛 . 江南禅寺 [M]. 上海：上海交通大学出版社，2009.

[20] 杨发鹏 . 两晋南北朝时期河陇佛教地理研究 [M]. 成都：巴蜀书社，2014.

[21] 段玉明 . 西南寺庙文化 [M]. 昆明：云南教育出版社，1992.

[22] 段玉明 . 中国寺庙文化论 [M]. 长春：吉林教育出版社，1999.

[23] 黄敏枝 . 宋代佛教社会经济史论集 [M]. 台北：台湾学生书局，1989.

[24] 蓝勇 . 西南历史文化地理 [M]. 重庆：西南师范大学出版社，1997.

[25] 王恩涌 . 文化地理学导论 [M]. 北京：高等教育出版社，1989.

[26] 赵荣，王恩涌，张小林，等 . 人文地理学 [M]. 北京：高等教育出版社，2006.

[27] 斯图尔特·艾肯特，吉尔·瓦伦丁 . 人文地理学方法 [M]. 北京：商务印书馆，2016.

[28] 司徒尚纪 . 广东文化地理 [M]. 广州：广东人民出版社，1993.

[29] 汤用彤 . 汉魏两晋南北朝佛教史 [M]. 北京：中华书局，1955.

[30] 汤用彤 . 隋唐佛教史稿 [M]. 台北：弥勒出版社，1984.

[31] 颜尚文 . 中国中古佛教史论 [M]. 北京：宗教文化出版社，2010.

[32] 陈荣富 . 浙江佛教史 [M]. 北京：华夏出版社，2001.

[33] 蒋维乔 . 中国佛教史 [M]. 上海：上海古籍出版社，2004.

[34] 方立天 . 中国佛教与传统文化 [M]. 上海：上海人民出版社，1988.

[35] 温玉成 . 中国佛教与考古 [M]. 北京：宗教文化出版社，2009.

[36] 严耀中 . 中国东南佛教史 [M]. 上海：上海人民出版社，2005.

[37] 严耕望 . 魏晋南北朝佛教地理稿 [M]. 上海：上海古籍出版社，2007.

[38] 张十庆 . 中国江南禅宗寺院建筑 [M]. 武汉：湖北教育出版社，2002.

[39] 张十庆 . 五山十刹图与南宋江南禅寺 [M]. 南京：东南大学出版社，2000.

[40] 李裕群 . 北朝晚期石窟寺研究 [M]. 北京：文物出版社，2003.

[41] 周绍良 . 梵宫：中国佛教建筑艺术 [M]. 上海：上海辞书出版社，2006.

[42] 傅亦民 . 宁波宗教建筑研究 [M]. 宁波：宁波出版社，2013.

[43] 宿白 . 中国佛教石窟寺遗迹：3 至 8 世纪中国佛教考古学 [M]. 北京：文物出版社，2010.

[44] 赵振武，丁承朴 . 普陀山古建筑 [M]. 北京：中国建筑工业出版社，1997.

[45] 程建军，李哲扬 . 广州光孝寺建筑研究与保护工程报告 [M]. 北京：中国建筑工业出版社，2010.

[46] 常盘大定 . 中国佛教史迹 [M]. 廖伊庄，译 . 北京：中国画报出版社，2017.

[47] 郭黛姮 . 南宋建筑史 [M]. 上海：上海古籍出版社，2014.

[48] 杨鸿勋 . 建筑考古学论文集 [M]. 增订版 . 北京：清华大学出版社，2008.

[49] 谭其骧 . 中国历史地图集 [M]. 北京：中国地图出版社，1982.

[50] 梁思成 . 中国古建筑调查报告 [M]. 北京：生活·读书·新知三联书店，2012.

[51] 广东历史地图集编委会 . 广东历史地图集 [M]. 广州：广东省地图出版社，1995.

[52] 卢美松 . 福建省历史地图集 [M]. 福州：福建省地图出版社，2004.

[53] 孙大章 . 中国佛教建筑 [M]. 北京：中国建筑工业出版社，2017.

[54] 李旭 . 湖南古代佛教寺院建筑 [M]. 北京：中国建筑工业出版社，2017.

[55] 常盘大定，关野贞 . 中国文化史迹全译本 [M]. 上海：上海辞书出版社，2018.

[56] 蔡运龙 . 当代地理学的关键概念和研究核心 [J]. 课程·教材·教法，2015（11）：108-112.

[57] 景天星 . 近百年的中国佛教地理研究 [J]. 宗教学研究，2017（02）：101-109.

[58] 刘沛林 . 文化地理学与历史地理学的关系 [J]. 衡阳师专学报（社会科学），1995（03）：49-51.

[59] 周尚意 . 文化地理学研究方法及学科影响 [J]. 中国科学院院刊，2011（04）：415-412.

[60] 颜尚文 . 后汉三国西晋时代佛教寺院之分布 [J]. 台湾师大历史学报，1985（13）：1-44.

[61] 李映辉 . 唐代佛教寺院的地理分布 [J]. 湘潭师范学院学报，1998（4）：65-69.

[62] 刘长东 . 宋代五山十刹寺制考论 [J]. 宗教学研究，2004（2）：100-108.

[63] 李映辉 . 经济、人口、历史传承与佛教地理分布 [J]. 求索，2003（6）：247-249.

[64] 田玉娥 . 浅议隋唐时期东都洛阳城之佛寺 [J]. 丝绸之路，2012（2）：13-15.

[65] 景天星 . 汉传佛教四大菩萨及其应化道场演变考述 [J]. 世界宗教研究，2019（4）：60-70.

[66] 龙显昭 . 巴蜀佛教的传播、发展及其动因试析 [J]. 西华大学学报（哲学社会科学版），2009（12）：31-47.

[67] 介永强 . 论我国西北佛教文化格局的历史变迁 [J]. 中国边疆史地研究，2007（04）：89-95.

[68] 介永强 . 唐都长安城的佛教寺院建筑 [J]. 长安大学学报（社会科学版），2014（6）：1-6.

[69] 介永强 . 我国西北地区佛教文化重心的历史变迁 [J]. 陕西师范大学学报（哲学社会科学版），2005（5）：81-86.

[70] 景天星 . 五台山佛教文化的地理学透视 [J]. 西华师范大学学报（哲学社会科学版），2015（4）：21-25.

[71] 景天星.佛教中国化视角下的四大名山信仰 [J].民族大家庭，2019（1）：59-60.

[72] 陈广恩.略论元代广东地区佛教的传播与发展 [J].华南师范大学学报（社会科学版），2008（2）：86-92，159.

[73] 何韶颖.广州历代佛教寺院分布及其形成因素研究 [J].华中建筑，2011（2）：154-157.

[74] 李庆新.唐代南海交通与佛教交流 [J].广东社会科学，2010（1）：118-126.

[75] 李昂.魏晋南北朝时期广东佛寺分布研究 [J].人间，2016（07）：49-50.

[76] 岳辉，李凡，王彬.广东佛教文化景观及其地域分异初探 [J].人文地理，2011（6）：45-50.

[77] 王汀生，王延红.广东佛教的传播和发展 [J].广东师院学报（社会科学版），1997（4）：76-83.

[78] 张伟然.南北朝佛教地理的初步研究 [J].中国历史地理论丛，1991（4）：225-240.

[79] 张伟然.中国佛教地理研究史籍述评 [J].地理学报，1996（7）：369-373.

[80] 雷玉华.成都地区在南北朝佛教史上的重要地位 [J].四川文物，2001（3）：41-47.

[81] 周伯戡.佛教初传流布中国考 [J].国立台湾大学文史哲学报，1997（47）：289-319.

[82] 张玉皎.佛教历史地理研究的方法和视角探析 [J].大理大学学报，2019（11）：7-11.

[83] 何启民.佛教入华初期传布地理考 [J].现代佛教学术丛刊，1980（10）：79-113.

[84] 姚崇新.广元石窟窟龛形制初步研究 [C]∥《汉代考古与汉文化国际学术研讨会论文集》编委会.济南：齐鲁书社，2006.

[85] 海波.河西走廊佛教文化区位特征的形成 [J].世界宗教文化，2019（6）：17-23.

[86] 牟振宇.南宋临安城寺庙分布研究 [J].杭州师范学院学报（社会科学版），2008（1）：95-101.

[87] 何韶颖.清代广州佛教寺院与城市生活 [D].广州：华南理工大学，2012.

[88] 孙旭 . 宋代杭州寺院的地理分布及原因 [J]. 中南大学学报（社会科学版），2013（4）：208-212.

[89] 黄兰翔 . 初期中国佛教寺院配置的起源与发展 [C] // 释圣严，释果毅，陈重光，等 . 佛教建筑的传统与创新：2006 法鼓山佛教建筑研讨会论文集，2007（07）：13-73..

[90] 郑涛 . 唐宋四川佛教地理研究 [D]. 重庆：西南大学，2013.

[91] 贺云翱 . 六朝都城佛寺和佛塔的初步研究 [J]. 东南文化，2010（3）：101-103.

[92] 王衍用，曹诗图 . 试论宗教的地理背景 [J]. 人文地理，1996（10）：62，65-67.

[93] 李悦铮 . 试论宗教与地理学 [J]. 地理研究，1990（3）：71-79.

[94] 何利群 . 十六国至北魏时期的邺城佛教史迹 [J]. 中原文物，2016（2）：45-52.

[95] 朱岩石，何利群，沈丽华 . 邺城佛寺的兴衰 [J]. 探索发现，2013（6）：82-89.

[96] 李裕群 . 邺城地区石窟与刻经 [J]. 考古学报，1997（4）：443-481.

[97] 宿白 . 凉州石窟遗迹和"凉州模式"[J]. 考古学报，1986（4）：435-447.

[98] 敖仕恒 . 唐道宣关中戒坛建筑形制及其历史影响初考 [J]. 中国建筑史论汇刊，2013（02）：65-90.

[99] 王贵祥 . 唐长安靖善坊大兴善寺大殿及寺院布局初探 [J]. 中国建筑史论汇刊，2013（10）：61-103.

[100] 中国社会科学院考古所西安唐城队 . 唐长安青龙寺遗址 [J]. 考古学报，1989（2）：231-261.

[101] 袁牧 ."伽蓝七堂"之疑 [J]. 佛教文化，2013（1）：75-78.

[102] 王瑗 . 汉唐佛教建筑发展概况 [J]. 华中建筑，2002（3）：89-91.

[103] 吉田睿礼 . 辽朝佛教与其周边 [J]. 佛学研究，2008（00）：238-245.

[104] 玄胜旭 . 南北朝至隋唐时期佛教寺院双塔布局研究 [J]. 中国建筑史论汇刊，2013（02）：131-144.

[105] 王鸿雁 . 清漪园宗教建筑初探 [J]. 故宫博物院院刊，2005（5）：219-245.

[106] 谢鸿权 . 天台宗佛寺溯源：以智顗相关史料为中心 [J]. 中国建筑史论汇刊，2013（01）：174-182.

[107] 谢鸿权 . 宋代天台宗的净土信仰建筑探微 [J]. 中国建筑史论汇刊，2002（01）：36-60.

[108] 傅熹年.福建的几座宋代建筑及其与日本鎌仓"大佛样"建筑的关系 [J]. 建筑学报，1981（4）：68-77.

[109] 雷玉华.四川石窟分区与分期初论 [J]. 成都考古研究，2016（00）：347-373.

[110] 孙雪静，孙华.川渝石窟的历史与价值 [J]. 遗产与保护研究，2017（3）：1-8.

[111] 段玉明.宋代成都佛教考论 [J]. 宗教学研究，2014（3）：96-102.

[112] 段玉明.明清巴蜀佛教寺院研究 [J]. 普陀学刊，2019（01）：151-204.

[113] 陈晓敏.北京地区现存辽金佛教遗迹考 [J]. 地域性辽金史研究，2014（00）：322-333.